美商

美丽商数如何影响你的人生

Beauty Quotient

胡兰英　著

中国纺织出版社有限公司

内 容 提 要

本书结合作者丰富的教学与实践经验，介绍了美商的概念、涵义。内容涉及审美能力的培养、形象美学管理、内在美的修炼、美商提升策略、美商在社交中的运用、美商在职场和生活中的运用等。

图书在版编目（CIP）数据

美商：美丽商数如何影响你的人生 / 胡兰英著. --北京：中国纺织出版社有限公司，2024. 1

ISBN 978-7-5229-1165-6

Ⅰ. ①美…　Ⅱ. ①胡…　Ⅲ. ①女性—修养—通俗读物　Ⅳ. ①B825.5-49

中国国家版本馆CIP数据核字（2023）第203965号

策划编辑：向连英　　　责任编辑：刘　丹
责任校对：寇晨晨　　　责任印制：储志伟

中国纺织出版社有限公司出版发行
地址：北京市朝阳区百子湾东里 A407 号楼　邮政编码：100124
销售电话：010—67004422　传真：010—87155801
http://www.c-textilep.com
中国纺织出版社天猫旗舰店
官方微博 http://weibo.com/2119887771
北京华联印刷有限公司印刷　各地新华书店经销
2024 年 1 月第 1 版第 1 次印刷
开本：710 × 1000　1/16　印张：13
字数：136 千字　定价：58.00 元

前言

过去，人们习惯用“智商”“情商”“财商”去评判一个人，这三个概念都是由国外一些专家提出来的。现在，又多了一个，即“美商”，大家还对它不甚了解。提到“美商”，人们潜意识里认为它是用来形容一些漂亮的女明星、女网红的，并简单地将它与“颜值”等同起来，真的是这么一回事吗？

当然不是！

“美商”不仅指外在视觉上的鉴美、审美能力，它还有着更为深刻、更为重要、更有价值的意义。这一点从它的定义就能看出来。

“美商”全称叫“美丽商数”（Beauty Quotient），简称BQ，它并非指一个人的漂亮程度，而是指一个人对自身形象的关注程度，对美学和美感的理解力，以及一个人在社交中对声音、仪态、言行、礼节等所有涉及个人外在形象的因素的控制能力。

我们可以将其由内而外分为三个层次：最内层是内涵，这也是最核心的部分，它表示个人决策学习与解决问题的能力；中间层是行为，指个人形象塑造、说话技巧等；最外层是相貌，也就是一眼就能看到的外在形象。

由此不难看出，美商绝不仅仅指相貌的漂亮程度，那样理解是很肤浅的。它涉及精神、品质、行为等多个层面，囊括了形象、心灵、思维、认知、能力等多个维度的评判，不仅与个人形象、生活、工作、学习息息相关，而且影响一个人的成长，以及对美好生活的感知能力。从这一点看，提升美商的过程，也是一种自我修行的过程，一种不断感知、创造美好生活的过程。

曾经，有哲学家将人生分为四种境界：欲求境界、求知境界、道德境界、审美境界。其中，审美境界为最高境界。一个人若不懂审美，他大概率会放任自己的衣着凌乱不堪，房间杂乱无章；一个社会若不懂审美，则会充满脏乱与粗糙，建筑乏善可陈，街道黯淡无光，整个城市亦无风雅可言。就像宗白华在《美学散步》中说的那样：生命的境界之大，包括经济、政治、社会、宗教、哲学，这一切都反映在审美里。你我有别于他人的鲜明个性，便是审美；无法背叛的习惯记忆，亦是审美；不可或缺的生命品质，依然是审美。

审美，是人的一种本能。我们天然地会被美的东西吸引，生命就是一个对美顺从的过程，它随着我们所处的时间和空间而改变，但始终以美为中心。正如古人以书法、绘画慰藉身心一样，追求生活中的美，是为了满足精神上的饥渴。一旦美欠缺了，便容易滋生精神上的病态。在现实生活中，当我们将物质生活视为人生全部的时候，其实已经离美越来越远了。毫不夸张地说，这样的日子只是为了生存，而非生活。

当然了，世界从不缺少美，缺的是审美，缺的是美商。提升美商，才能更好地感受美、鉴赏美、评价美。良好的审美能力能够陶冶一个人的性情，进化人的心灵，让你在气质上脱胎换骨。

那如何提升美商呢？本书作者结合丰富的教学与实践经验，研发了一套课程，涉及审美能力的培养、形象美学管理、内在美的修炼、美商提升策略、美商的现实运用等。本书浓缩了该课程的精华，内容深入浅出，语言轻松，兼具实用性与可读性，可快速帮助爱美人士打造迷人的形象与高雅的气质，实现圈层突破。

著者

2023 年 8 月

目录

第三章　形象美学管理的六个方面

第四章　修炼内在美的七大方案

第五章　提升美商的八大途径

第六章 社交中的美商

第七章 职场中的美商

第八章　生活与美商的结合

第一章
美商：重构你对美的认知

一个人要变美，要活得美，一定要懂美商。它是继智商、情商、财商之后的一种新兴竞争力。特别是在今天，它甚至决定了你人生的发展空间和高度。

什么是美商

在当前社会中，美容行业正在蓬勃发展，各种各样的美容产品和服务让人目不暇接。然而，许多人发现，尽管他们在美容方面花费了大量的时间和金钱，却无法让自己变得更美丽。出现这种情况的一个重要原因在于，很多人缺乏对美的理解和认知，即我们所说的美商。

“美商”，全称叫“美丽商数”（Beauty Quotient），简称BQ，它并非指一个人的漂亮程度，而是指一个人对自身形象的关注程度，对美学和美感的理解力，以及一个人在社交中对声音、仪态、言行、礼节等所有涉及个人外在形象的因素的控制能力。它是继智商、情商、财商之后的一种新兴竞争力。

有人会问：“那是不是说长得越漂亮，美商就越高呀？”当然不是。美商不是指脸蛋美不美，也不是评价一个人外貌的指标，更不是相貌的得分。有不少人都错误地理解了美商，认为美商就是一个数字，即先计算一些评价相貌的指标分数，最后把它们相加，得出的结果就是美商，像智商一样，也用一个数值来表示。

有不少网站，为了吸引眼球，给出了一些评测美商的方法，通常的流程是：首先提供一张照片，然后根据一系列奇怪的标准来评估外貌。例如，你的鼻子要高挺，眼睛要明亮，嘴巴要甜美，脸蛋要光滑……然后，给自己的每个特征打分，比如鼻子满分10分，眼睛满分8分，嘴巴满分9分……如此一来，把自己的脸拆成一块一块，然后给每一块打分。最后，把所有的分数加起来，就得到了一个“美丽商数”！

有的人把它当作一个玩笑，有的人却很认真，他们会花费大量的时间和精力来计算自己的得分，然后想办法追求更高的分数，为此，还要多跑几趟美容院。当然了，也有人会在朋友圈等社交媒体上炫耀自己的高分，就像这个指标能决定他们的人生一样。相貌固然重要，但是真正的美丽是从内在散发出来的，而不只是一个数字。更何况，它还是一个不靠谱的数字。

很多人爱美，却不懂美商的内涵，他们认为的美，往往是指女人长得漂亮，男人长得帅气。从美商的概念可知，它包括诸多方面，相貌只是其中一个很小的方面。一副好看的面孔固然惹人喜爱，但活得精致，活得漂亮，一定要在多个方面不断提升自己。

美商对我们的生活、情感和创造力都有着重要的影响。通过提升自己的美商，不但可以更好地发现身边的美好事物，丰富自己的情感体验，提高自己的生活品质，而且可以激发自己的创造力和想象力，为世界带来更多的美好和价值。这也是越来越多的人开始重视美商，提升审美能力的原因。正如中国当代文学大师、画家木心先生所说：“没有审美力是绝症，知识也救不了。”

在今天的生活中，文盲越来越少，但是美盲却很多。很多人乍一看，长得还算精致，但是一张口，就会立马拉低你对他的评价，甚至会颠覆你的三观，为什么？因为审美冲突，很多在他们看来再正常不过的言语、做法，在你看来，却是万万不可接受的，他们认为的“美”，在你看来是十足的“丑”。

当然了，也有人长得一般，不怎么上镜，但就是很耐看，为什么？要么是他们说话办事能显出一种独特的气质，要么是让人觉得他们有内涵、有素质，或拥有过人的智慧与超高的情商。总之，他们的言行举止、气质、性格特点等都比较符合大众的审美。相比之下，相貌就显得不那么重要了。

黄渤作为一位知名的演员，刚出道的时候，很多人在银幕上对他的第一印象是：这个演员长得不帅，还带点憨。特别是在以往的影片中，黄渤总是留着凌乱的发型，穿着邋遢，蓬头垢面，类似乞丐和地痞流氓的形象。虽然演的形象很丑，但是他总能把人物演活，表现出了高超的演技，一次次征服观众，拥有极高的人气，一度成为票房的保障。在生活与工作中，黄渤也经常表现出与长相不符的情商。这时，很多观众就会发现：黄渤原来也挺帅啊，深邃的眼神、鲜明的五官和特别的面部轮廓……

不可否认，黄渤的长相虽然与传统的审美标准不同，但是，他身上有着一种与众不同的魅力，以及过人的表演才华。他的表演那么自然，那么真实，常常让人忘记了他是一个演员。无论是搞笑的喜剧片，还是沉重的剧情片，他总是能够给观众带来不一样的感受。正是因为他能带给观众一种与众不同的视觉享受，才让大家从中看到了不同的美、另类的美。正如一位智者所说：“美丽不是脸上的皮肤，而是心里的光芒。”从这个意义上讲，黄渤的美商并不逊色于他的情商。

总之，一个人要变美，要活得美，一定要懂美商。许多时候，我们的美不仅是给自己的，也是给别人的，只有不断提升美商，才能在职场、社交场合、日常生活中展现出真正的美丽，从而在变美的路上更加自信和更有竞争力。

美学的基本原理

看到“美学”这个词，很多人可能会不自觉地皱一下眉：这不就是研究长相的学问吗？其实不然，它是一门关于人的审美价值的人文学科。严格来说，它是一门“感性学”。

“美学”一词并非汉语的原生词汇，而是从日本引进的。在19世纪60年代，日本开始明治维新，全盘学习和接受西方现代文明。在19世纪末20世纪初，当中国引进这门学问时，不少哲学概念沿用了日本人的翻译，其中就包括“美学”二字。在现代西方哲学中，“美学”主要研究人精神世界中的感性部分，实际隶属于“感性学”。康德在他的作品《判断力批判》一书中指出，人对“美”的认识，其实是一门关于判断力的学问，自此，“美学”就被放在“感性学”中进行研究和讨论。

那什么是美？简单来说，美是人对自己的需求被满足时所产生的愉悦的反应，即对美感的反应。人的需求被满足是美的本质。美可以让人感到满足，产生愉悦的心理，即觉得美，把这种感受再现，就是艺术美了。把它再现为声音、形体、气味、味道等，再刺激我们的感觉，使我们把美和丑区分出来，就得到了美的享受。

关于什么是美学，有不同的定义。其中一种普遍被接受的定义是：美学是从人对现实的审美关系出发，以艺术为主要对象，研究美、丑、崇高等审美范畴和人的审美意识、美感经验，以及美的创造、发展及其规律的科学。

从这个定义可知，美学研究的对象是艺术，而艺术，又是人的感性产物。人的精神世界，由三个部分组成，分别是理性、知性、感性。“理性”比较容易理解，比如，我们做一道计算题，整个推理的过程，主要依赖我们的理性。所谓“知性”，是我们根据自身经验总结出结论，或者通过感悟，总结出一些规律，它是先验的。“感性”就是基于人的本能和直觉，对客观事物或人进行判断。美或丑，都属于我们的直观判断。由于判断美与丑的思维基础是感性，而感性源于本能或直观感受，具有无理由的特点，因此，美与丑也就没有绝对的评判标准。

从本质上讲，美学是研究人类审美活动的科学。审美活动是一种以意象世界为对象的人生体验活动，是人类的一种精神文化活动，是创造审美价值的人类实践活动，它的范围较大，包括欣赏美的事物、创造美的作品、研究美学理论、评论文艺现象以及美化环境等。所有这些活动，都建立在我们的感性直觉之上。因为每个人的先天特质各不相同，审美观也因此存在差异，甚至可能大相径庭。这正是人类艺术世界无穷魅力的源泉所在。因此，在对待艺术、创作艺术、欣赏艺术时，我们应该坚守自己的独特审美观，敢于展示个性。只有这样，艺术作品才有其价值，美与丑才有其意义。我们不应盲从他人，而应坚持自己的见解和判断。

在了解了美学的基本定义和本质后，再来了解美学的基本原理。它们是美学研究的核心和基础，体现了人类审美的本质和规律。在未来的研究中，随着科技的发展和社会文化的变迁，美学的基本原理也将会不断完善和发展。

第一个原理：美的主观性。

每个人对美的定义都不尽相同。就像一个舞蹈演员，他自己独特的舞蹈风格和形象，可以给观众带来极大的视觉冲击。有些人觉得他的表演很精彩，有些人会觉得很一般。再如，一个书法家写了一幅字，有的人觉得“风格独特，有特点”，而有的人会认为“也就小学生水平，很一般”，这就是美的主观性的体现。无论是在艺术领域还是在生活中，我们都应该尊重每个人对美的独特见解。

第二个原理：美的客观性。

虽然美有主观性，但也有一些美学原理是相对客观的。例如，在中国文化中，红色被视为吉祥和喜庆的象征。逢年过节，会装点一些红色的元素，这符合中国人对红色的美学认知。所以，在美学中，有时候也会存在一些相对客观的标准。

第三个原理：美的表现形式的多样性。

美不仅体现在艺术作品中，还可以在日常生活中找到。比如，有些演员无论是在电影中还是在现实生活中，总是能够展现出不同的美。有时候是一个可爱的女孩，有时候是一个性感的女人。这种多样性使得美更加丰富多彩，也让我们的生活更加有趣。

第四个原理：美的价值。

美不仅是一种感官享受，还具有深刻的意义和价值。比如，一首美妙的音乐，不仅能给人带来快乐，更能够触动人心，引发共鸣。这种美的价值超越了表面的享受，给我们带来了更深层次的思考和情感体验，有助于我们更好地理解和表达自己的情感世界。

美学的基本原理不仅在理论研究方面有着重要的意义，在实践方面也有着广泛的应用和发展。在艺术领域，美学的基本原理被广泛应用于电影、音乐、绘画等各个艺术门类的创作和评价中。在自然领域，美学的基本原理被应用于景观设计、建筑设计、城市规划等各个领域。在科技领域，美学的基本原理被应用于产品设计、用户界面设计、交互设计等各个方面。

综上所述，美学不仅是一门理论学科，还是一门人文学科，同时，也是一门交叉学科，它与艺术学、心理学、人类学、社会学、民俗学、文化史、风俗史等多个学科都有着密切的联系。

这门学科的意义在于培养发现美、热爱美、创造美的心灵与能力，并不断完善自身的人格修养，提升自己的人生境界，自觉地追求更有意义、更有价值和更有情趣的人生，并从中获得智慧与快乐。

美，没有固定的公式和标准

从前一节“美学的基本原理”可知，“美”是一个很主观的概念，它没有对错，也没有统一的标准。一个东西美不美，主要受个人审美的影响。每个人对美的定义和标准都不同。有些人认为外貌是美的关键，而有些人则更看重内在品质，如善良、智慧、幽默感等。但是，即使所有人都对美有相同的理解，也不可能存在一种标准的、普适的评价模式，因为每个人的个体差异都是独特的、无法复制的。在平时的生活中，我们要学会尊重不同的审美观，不要一味地追求所谓的“标准美”。

几千年来，关于什么是美，人们一直没有达成统一的认识，至今，也仍在探讨与争论中。可以说，在现实世界中，似乎不存在一种实体化的、外在于人的美。如柳宗元所说：“美不自美，因人而彰。”用今天的话讲，就是美离不开人的审美活动。

美是存在于人的心灵深处的，它是一种情感的体现。没有人的存在，美就无法被感知和体验。那么，审美活动又是什么呢？简单来说，审美活动就是人们对美进行评判和欣赏的过程。这个过程包括感知、辨别、评价和欣赏等环节。我们每个人都在日常生活中进行着各种各样的审美活动。比如，我们去美术馆欣赏画作，就是一种审美活动。当我们站在画作前，仔细观察每一个细节，感受画家用色彩和线条所表达的情感，我们就在进行着审美活动。当然，如果我们只是随便看看，然后说一句“这画挺好看的”，那可能就只是一种泛泛的赞美，而不是真正的审美活动了。

除了欣赏艺术品，我们在生活中还会进行很多其他的审美活动。比如，我们选择衣服、鞋子、家具等物品时，就会根据自己的审美喜好来做决策。有的人喜欢简约大方的设计，有的人喜欢花哨华丽的风格，这都是个人审美活动的表现。审美活动不局限于物质层面，还包括对音乐、电影、文学作品等的欣赏。听一首动听的音乐，看一部搞笑的电影，读一本引人入胜的小说，都是我们进行审美活动的时刻。

很多人有一种错误的审美观，评价事物经常是“非此即彼”。比如，有些女性本能地认为“瘦会更美”，便拼命地减肥，直到骨瘦如柴。有人说：“都瘦成猴了，真的好看吗？”她们说这叫“骨感美”。这是一种典型的将美公式化，或是标准化的做法，即“只有瘦，才美”“胖了，就是难看”。虽然瘦一点会更好地显示身材，但是这种过度的瘦，在一定程度上也会影响大众的审美。

类似的例子还有很多，比如，在建筑方面，有些人喜欢现代简约的建筑风格，然而，有些人可能喜欢传统的建筑风格。在这种情况下，前者可能会认为后者喜欢的建筑很丑，而后者可能也会认为前者喜欢的建筑很丑。

再如，不同的人对电影和电视节目的喜好也不同。有些人可能喜欢动作片或科幻片，而有些人可能喜欢浪漫喜剧片或剧情片。在这种情况下，前者可能会认为后者喜欢的电影或电视节目很无聊，而后者可能也会认为前者喜欢的电影或电视节目很无趣。

在美食方面也是如此。一些人可能喜欢辣的食物或重口味的食物，一些人可能喜欢清淡或甜的食物。在这种情况下，前者可能会好奇后者为什么喜欢那样的食物，后者也会纳闷“放那么多辣椒油，这么香吗？”

要知道，美是没有统一公式与标准的，即使暂时有，也会随着时间、地域、情感等变化而改变。想象一下，几百年前的美的标准是什么样的呢？也许是丰满的身材和苍白的皮肤。但是现在呢？现代社会更加注重健康和运动，所以苗条和健康的身材被认为是美丽的标准。同样，不同的文化和地域也有不同的美的标准。在西方社会，高鼻梁和深邃的目光可能被认为是美丽的特征，但在东方社会，圆润的脸庞和黑色的头发可能更受欢迎。再者，每个人都有自己的喜好和偏好。有时候，我们会因为一个人的个性魅力而觉得他很美，即使他的外貌并不符合传统的美的标准。所以，美是一个多元化和多样化的概念。

总的来说，美并没有一个固定的公式或标准，它是主观且多样化的。美的多样性体现在不同文化之间、不同个体之间以及艺术作品的创造性和创新性上。每个人都有权利根据自己的经验和喜好来定义和理解美，每个文化和时代也都有自己独特的审美标准和价值观。

因此，我们需要尊重并接纳不同的美学观点和审美经验，欣赏和享受美的多样性带来的丰富多彩的审美体验。只有这样，我们才能更好地理解和感受美的魅力，并让我们的审美感官保持开放和多元化。

真正的美都是后天修来的

许多人认为，外貌是评判一个人美与丑的重要标准，只有拥有完美的五官、苗条的身材和光滑的皮肤，才能算得上美。真的是这样吗？如果真是这样，那在这个图像处理效果高超、整容技术发达、化妆手法惊人的时代，变美是一件非常简单的事情。你只要用一些化妆品，穿上漂亮的衣服，对着镜头用一些特效，立马会变成一个活脱脱的大美人儿。

事实上，你真的美了吗？没有，只是看上去很美。真正的美，绝不只是在镜子里看到的那张脸，而是内在的修养和知识的积累。它们可以打破外貌的界限，让人们真正感受到彼此的美好。所以说，顶级的美不是天生的，也不需要天赋，而是后天修来的。

让我们来看看那些被认为很美的明星和偶像。他们的外貌看起来是完美无瑕的，但你真的认为他们与众不同吗？事实上，他们也是普通人，只是经过了后天的修饰和打磨。他们的美来自不断的学习、在健身房里挥洒的汗水，以及造型师和摄影师长时间的辛勤工作。所以，如果你想成为一个真正的美人，就要准备好付出努力和时间。

再来看看那些被认为很美的时尚潮流和标准。每个季度，时尚界都会推出新的流行趋势，告诉我们什么是美丽的。但是，这是真正的美丽吗？不，这只是一种商业策略，一种让我们消费更多的手段。真正的美丽来自我们对自己的真实和独特的接纳，而不是盲目地追随时尚的脚步。

如果你觉得自己长得不够好看，别担心！因为真正的美丽是可以通过努力来获得的。从现在开始，要多关注自己的内在美，多通过努力和修炼，让自己成为一个真正的美人。

1. 不断改善自己的肌肤和身材

美丽是每个人都追求的梦想。不可否认，有些人确实是天生丽质。他们拥有天使般的脸庞，大大的眼睛和灿烂的笑容。这些人似乎无须任何修饰就能吸引众人的目光。然而，这种天生的美丽只是一小部分人所拥有的幸运。对于大多数人来说，漂亮的脸蛋，完美的身材，都需要后天来“装修”。

只有通过科学的护肤、合理的饮食和适当的运动，我们才能够拥有健康的肌肤和完美的身材。比如，定期清洁、保湿和使用合适的护肤品，可以改善肌肤的质地和光泽。同时，健康的生活方式，如均衡饮食、适度运动和良好的睡眠，可以提升身体的健康状况，进而反映在外貌上。

2. 有正确的心态和自信

美丽不仅来自外在的容貌，更来自内在的气质和自信。一个人自信的心态会直接影响其外在形象和魅力体现。自信的人往往散发出一种自然而然的魅力，而消极的人则会给人留下不好的印象。通过培养自信和积极的心态，我们可以改变自己的外在形象，展现出更加美丽的一面。因此，自信和积极的心态也是后天修炼美丽的重要方面。比如，有一位女演员，她的容貌并不出众，但是她却凭借自己的自信和才华，成为一位备受赞赏的演员，并且赢得了无数粉丝的喜爱。

3. 不断地学习和追求进步

真正的美丽不仅来自外表，更来自内心的智慧和知识。通过学习，我们可以提高自己的修养，变得更加有内涵和智慧。这样的内在美会让我们散发出一种迷人的魅力。比如，有这样一些女人，她们的脸型和五官并不精致，但是有气质、有魅力，给人一种实实在在的“美人感”。那这种美从何而来？不是基因决定的，也不是演出来的，而是长期学习的结果。就像一座高楼需要经过精心的设计和施工一样，美丽也需要我们不断地努力和修炼。比如，一些行业的佼佼者，他们在事业上已经取得了很大的成就，但是他们仍然不断地学习和研究，不断地追求进步，以保持自己的领先地位。

综上所述，如果一个人没有内在美，只有外在美，那么这种美丽很可能是短暂的。真正持久的美一定是后天修来的。所以，不要再为自己的长相而苦恼了，只要你愿意变美，愿意花时间积累和修炼，就一定能绽放出自己的美丽。

变美不能靠简单模仿

如今，越来越多的人开始注重自己的外表。许多人希望自己能够变得更加美丽、更加迷人。然而，有些人却认为只要简单地模仿别人的外表就可以达到这个目的。这种想法是错误的。

即便你通过装扮或手术达到了与某个人相似的外貌特征，或是通过模仿快速地建立了一些与某人相似的行为习惯，但你无法复制出对方的个性、行为方式、言谈举止等内在因素，这些因素也是构成美丽的关键。这就好比你想成为一个喜剧演员，即使你长得跟某个著名的喜剧演员很像，你也无法复制他的性格、气质和表演技巧等，这些是需要内在的才华和努力才能达到的。

变美不仅是外表的问题，更重要的是内在的修养和气质。一个人的外表再美丽，如果内心空虚，缺乏自信心和自尊心，那么也无法真正地吸引他人的目光。因此，我们需要不断地提升自己的内在修养和气质，培养自己的自信心和自尊心，才能真正地成为一个美丽的人。

美商高的人就像是天生的艺术家，他们能够将自己的个性和特点展现出来，从而让人感受到他们的独特之美。例如，有些明星，他们的相貌可能并不是最出众的，但他们通过自己的个性、表演风格等吸引了大量的粉丝。

有一个女孩子，她对自己的外表不自信，觉得自己不够漂亮。于是，她不断在社交媒体上寻找美女的照片，试图模仿她们的妆容和穿衣风格，在研究她们穿衣风格的同时，还学习她们的妆容技巧，甚至连她们的发型也模仿得惟妙惟肖。她以为这样就可以让自己变美，结果，却把自己变成了一个不伦不类的“怪物”——妆容像是被扔进颜料桶里的小丑，衣服像是一件不合身的马甲。

后来，她参加了一个时尚课程，学会了如何从内到外展现自己的美丽。她开始关注健康饮食，锻炼身体，培养自己的兴趣爱好。她学会了如何根据自己的气质和个性选择适合自己的服装和妆容。慢慢地，她成了一个充满自信、独特而美丽的女孩。在这个过程中，她渐渐明白，变美不是靠简单模仿，而是要找到适合自己的风格。每个人都有自己独特的一面，只有通过发掘自己的个性特点，才能真正展现出自己的美丽之处。

当然，并不是说我们不能从别人身上学习。适度模仿，可以让我们从别人身上获得灵感，但一定要留意自己的个性与特点，否则，一味模仿别人，成为别人的复制品，就无所谓美了。试想一下，在这个世界上，如果每个人都长得一模一样，那该有多无聊啊！每个人都有着与众不同的面孔，有着自己的个性与特点，为什么要把自己变成别人的翻版呢？我们应该珍惜自己独特的外貌、个性等，正是因为这些才让我们拥有独特之美。

所以，要展现自己的美丽，一定先学会欣赏自己的特点，而不是一味模仿别人，去追求时尚与潮流。这样，才能根据自己的审美标准、个性特点和气质等探索出一条属于自己的美丽之路。

美商有助于塑造个人 IP

在互联网时代，人与人之间拉开距离的，往往不是颜值，也不是智商，而是个人 IP。它不是一个新鲜的事物，每个人都有自己的 IP，只是在今天它显得比以往更重要。

那什么是 IP 呢？IP 是英文“Intellectual Property”的缩写，翻译成中文就是“知识产权”。个人 IP 指的是个人创造的、拥有独特性和商业价值的知识产权。近几年，这个概念越来越火爆，因为个人 IP 像名字或者指纹一样，是一个人独特的标志。

想象一下，你是一个有趣的人，你总是能够给别人带来欢乐和笑声。那么，你的个人 IP 就可以是一个幽默搞笑的形象。你可以在社交媒体上分享一些有趣的视频和段子，让人们在繁忙的生活中获得一点儿放松和快乐。当然了，你也可以选择其他的个人 IP，比如聪明才智、时尚潮流或者音乐艺术等。只要你能够找到一个与自己个性契合的形象，就可以展示给别人。

个人IP与美商之间存在着紧密的联系。在打造个人IP的过程中，审美起到至关重要的作用。可以说，打造个人IP离不开审美。虽然审美是一个相对主观的概念，但我们可以通过了解自己的审美观，勇敢地展示自己的个性和品位，并打造一个与众不同的个人IP。有了这个IP，我们就可以吸引更多人的眼球，让他们对我们产生兴趣和好感。而要做到这一点，需要我们在多个方面展现出良好的审美品位。

1. 个人形象塑造离不开审美

无论是在社交媒体上，还是在现实生活中，展示良好的个人形象是与他人交流的第一步。一个有吸引力的形象可以让人们对我们产生好奇和兴趣，从而愿意进一步了解我们。而要打造一个有吸引力的形象，就需要我们对时尚和美具有较高的敏感度。我们可以选择适合自己的服装风格，搭配合适的发型和妆容，以展现自己独特的魅力。当然，审美并不局限于外表，还包括我们的言行举止和态度。一个有礼貌、幽默和自信的形象也会给人留下深刻的印象。所以，审美在个人形象塑造方面起到了至关重要的作用。

张曼玉是一位华语电影界的传奇女星。她的穿搭风格非常独特，她喜欢将复古和现代、简约和夸张等多种元素融合在一起，创造出一种非常有魅力的形象。她的穿搭以精致的剪裁、高级的面料和独特的设计为主，每一套穿搭都有自己的故事和特点。除了穿搭，她的每一款发型也有自己的特色和风格，既有东方女性的柔美，也有西方女性的大气。

另外，她拥有非凡的气质和仪态。无论是在红毯上还是私下里，她总是保持着非常优雅的姿态和自信的微笑，这种气质和仪态也深深地吸引着无数粉丝。

可以说，张曼玉的形象塑造离不开她的审美。她通过自己的独特风格和气质，展现了自己的个人魅力和价值。

2. 内容创作离不开审美

无论是写作、摄影还是绘画，都需要有一定的审美能力。审美能力可以帮助我们选择合适的主题、构图和色彩搭配，以创作出更具吸引力和感染力的作品。而在如今内容爆炸的时代，要吸引人们的注意力并给人留下深刻的印象，就需要我们在内容创作方面有独特的审美眼光。我们可以通过学习和欣赏优秀的作品，培养自己的审美能力，并将其运用到自己的创作中。只有这样，我们才能在众多内容创作者中脱颖而出，打造独一无二的个人 IP。

李子柒是一位美食博主和时尚博主。通过自己的个人 IP，她成功地将自己的美食和时尚品位展现给了全球的观众，让人们为之惊叹。

李子柒的美食和时尚品位都非常独特，她喜欢将传统和现代、东方和西方的元素融合在一起，创造出一种非常有魅力的风格。她的美食视频以精美的画面、精致的餐具和诱人的食物为主，每一道菜肴都像是一件艺术品，让人垂涎欲滴。

另外，李子柒的时尚博文也备受关注。她的时尚风格以独特的审美和搭配技巧著称，每一套搭配都像是一幅美丽的画卷，让人忍不住想要模仿。她的搭配既有东方的优雅和大气，也有西方的时尚和简约，每一套搭配都有自己的故事和特点。

除了分享自己的美食和时尚博文，李子柒还会与粉丝互动，回复评论和私信，举办一些活动和比赛，让粉丝们能够更近距离地了解她和她的作品。这种互动增加了粉丝的参与感和忠诚度，也使她的个人 IP 更加生动和有趣。

李子柒通过她的独特美食和时尚品位打造了一个充满个性和趣味的个人 IP。她的美食视频、时尚博文和互动方式都展现了她独特的审美和创新能力。

3. 市场推广离不开审美

无论是设计广告、包装产品还是策划活动，都需要有一定的审美能力。审美能力可以帮助我们选择合适的视觉元素和表达方式，以吸引目标受众的注意力。而在竞争激烈的市场中，一个有吸引力和与众不同的品牌形象是非常重要的。我们可以通过设计独特的标志、包装和广告，展现出自己与众不同的个性和风格。只有这样，我们才能在市场中脱颖而出，吸引更多的目标受众。

李某是一位非常有特色的时尚博主，他的个人 IP 在时尚领域有着非常高的人气和影响力。他的市场推广非常有创意和审美，他经常通过一些有趣的创意活动来吸引用户的眼球。例如，他曾经与一家餐厅合作，推出了一款名为“××饼”的特色饼干。这款饼干不仅外观独特，而且口感也非常好，成为许多人的美食打卡对象。

除了美食，他还会与一些时尚品牌合作，推出联名款产品。这些产品不仅有品牌的特色，还有李某的个人风格和创新元素。这些联名款产品往往非常受欢迎，成为许多粉丝争相购买的收藏品。

李某的市场推广之所以成功，离不开他的审美和创新。他总是能够通过一些独特的创意和审美设计，让人们感受到他的个人魅力和价值。

总之，想要打造一个有吸引力的个人 IP，必须具备一定的审美能力。个人 IP 和审美能力是相互促进、相互影响的。个人通过提高审美能力，可以更好地建立和展示自己的个人品牌形象，提升个人 IP 的影响力和价值。同时，个人在建立和维护个人 IP 的过程中，也需要不断地提高审美能力，以更好地展现自己的魅力和自信，赢得更多的关注和认可。

当然了，个人审美是一个不断发展和变化的过程。随着时代的变迁和社会的进步，审美观念也在不断地发生改变。如果你想要打造一个与时俱进的个人 IP，就必须要紧跟潮流，不断更新自己的审美观念。比如，现在的年轻人更加喜欢潮流时尚的个人 IP，所以，如果你想要吸引年轻人的关注，就需要了解他们的审美喜好，才能够打造一个受欢迎的个人 IP。

第二章 培养审美能力的五个关键

每个人都有自己的审美，也都有适合自己的提升审美能力的方法，但无论哪种方法，最终都绕不开审美能力的五个关键：感知美、理解美、欣赏美、展示美、创造美。把握好这五个关键，方能全方位提升自己的审美能力。

感知美：生活中处处都有“风景”

柏拉图说：“审美源于对美的记忆。”一个人在成长历程中见过多少美的东西，见过什么样美的东西，这些东西积累起来就慢慢地形成了你对美的判断标准，俗称“眼光”。所以，高素质的审美并非与生俱来，它需要培养。首先要学会感知美，用心感受生活中的美，可以帮助我们铸就一座独立的精神花园。

假如你是一位热爱摄影的年轻人，你经常用手机记录生活中的美好瞬间。有一天，你在公园里拍摄日出，突然注意到一位正在晨练的老人。他的动作非常优雅，让你想起了你所看过的芭蕾舞演员。通过观察这位老人的优美动作，你开始思考如何将这种美好融入自己的生活中。于是，你开始学习瑜伽和舞蹈，通过这些运动来提升自己身体的柔韧性和协调性。在练习过程中，你逐渐感受到了身体的变化，同时也学会了更好地感知生活中的美。

通过学习瑜伽和舞蹈，你的身体变得更加健康和灵活，同时也提高了自己的审美能力。你开始关注生活中的细节和美好，比如阳光下的树叶、路边的花朵、人们的微笑等。这些美好事物让你感到愉悦和满足，同时也让你更加热爱生活。

在这个过程中，你发现感知生活中的美不仅让自己变得更美好，还能够帮助你更好地理解和欣赏周围的世界。你开始关注社会问题，关注他人的情感和需求，同时也更加关注自己的内心世界。这种关注和感知让你更加有同理心和关爱之心，让你更加愿意为他人付出和贡献。可见，只要我们用心去感知生活中的美好，就能在潜移默化中得到美的熏陶，不断地自我成长与进步。

生活中的美无处不在，如中国的美食文化、自然景观、传统文化等。用心去感受生活中的各种美好，不但有助于提升自己的审美，而且会让自己的生活更加充实、幸福和有意义。

1. 感受自然之美

大自然是美的源泉，我们可以在大自然中感受它的美。如公园散步、爬山、观赏日出日落等，与大自然亲密接触，感受它的美；或者花些时间观察自然的景色、气味、声音、纹理和味道等；或者与他人分享你的自然体验和感受，与朋友或家人一起探索自然。通过观察、接触、感受、探索和分享等过程，我们可以更好地理解自然的美丽和重要性，同时也可以让自己更加贴近自然，感受自然的能量和美好。

2. 欣赏艺术作品

中国的艺术作品非常丰富多样，从古代的陶瓷器皿到现代的水墨油画，从著名的中国画到独特的剪纸艺术，通过了解艺术作品的创作背景、艺术家的生平以及创作意图，你可以更好地理解艺术作品的内涵和意义。同时，也可以感受艺术家们对美的追求和表达，欣赏艺术作品的美感和价值。当然了，在欣赏艺术作品的过程中，你还可以获得独特的体验与感受。这都有助于提升我们的审美能力和感知力。

3. 感受传统文化

中国的传统文化也是生活中的美景之一。在通过了解历史背景、学习经典著作、探索文化习俗、学习艺术形式、参与实践活动等方式感受传统文化时，我们可以更好地理解传统文化的智慧和价值，同时也可以提高自己的美学修养与人生境界。如我们欣赏一幅国画时，可以感受到画家的用心和灵感；当聆听一首古典音乐时，我们会被音乐中蕴含的情感打动。无论哪一种艺术形式都展现了中国人民的智慧和创造力，其展现的传统文化之美会让我们对生活充满热爱和向往。

4. 花些时间体验生活

苏格拉底曾说过，美是难的，无法被定义，也无法被精准地用语言解释和诠释，但美却真实地寄存于每个人的心间。很多人之所以发现不了生活中的美，并不是没有感知力，而是没有真正拥有自己的生活。他们让自己陷入百忙之中，没有时间让自己暂停，来获得片刻的生活体验，自然也没有时间去感受生活之美。所以再忙再累，也要在心中腾出一个空间，并花一点时间，来寄存美好的事物。

5. 不要迷信所谓的正确答案

在生活中，我们会遇到各种各样的情况和问题，有些可能是我们无法解释或理解的。这时，我们需要以开放的心态来面对这些困惑和疑问，尝试从不同的角度和层面来思考和分析问题，从而发现更多的可能性，不要因为追寻一些所谓的正确答案，让自己陷入焦虑与不安之中，如此会丧失对美的感知力。

6. 多跟有趣的人交往

人与人之间实际上是通过生命能量场的互动和共振来进行交流和相互影响的。与有趣的朋友相处，你会发现他们经常在生活中创造一些有趣的瞬间，比如烹饪一顿美味的食物，或者通过创新的方式来丰富自己的生活。这些有趣的创意会激发你的灵感，使你从中受益。

此外，多与不同领域和背景的朋友交流，可以让你从不同的角度思考问题，激发更多的创意和想法。与不同思维方式的朋友进行跨界对话，可以帮助你拓宽视野，激发更多的思维火花。

所以，不要局限在自己的赛道上，要学会与不同领域的朋友进行交流与合作，这样能够让你在思考问题和解决问题时拥有更多的灵感和创意，同时也能让你的人生变得更加丰富多彩。

在生活中，如果一个人有幸接触过很多真正美好的事物，这种美好会深深地在他心中扎根并茁壮成长。它会影响这个人对生活的态度和追求，无论他身在何处，从事何种职业，这种美好都会陪伴他度过一生，并对他的生活质量、身心健康、自我成长有很大的帮助。

理解美：对美有独到的见解

有人认为美是外貌，有人认为美是内涵。即使是面对同一个具体事物、现象、环境，不同的人也会产生不同的看法和观点，有人认为它很美，有人认为它很普通，还有人认为它很丑。这究竟是为什么呢？这是因为不同的人，拥有不同的个人经验、文化背景、教育程度、个人偏好等，所以他们对美的定义、理解也会有所不同。

想象一下，你和朋友们坐在一起，讨论一幅艺术作品。你们每个人都对这幅作品有不同的看法和感受。有人认为它是一幅杰作，而有人认为它毫无意义。你们开始辩论，争论不休。这种争论可能会变得非常激烈，但也会带来欢乐和笑声。最终，你们可能会意识到，每个人都有自己独特的美感认知。

那些认知能力强、知识和经验丰富的人，他们可以迅速准确地判明对象具有的价值和价值量，并对其美和丑、好和坏做出自己独特的判断。相对而言，缺少知识和经验的人在此方面则略差一些。

正是因为每个人对事物有独特的理解，所以造就了差别各异的“美”。

比如，有人认为比萨上加一层巧克力酱是绝妙的组合，有人还会把酱料加到冰激凌上，还有人会将花生酱涂在煎饼上。在你看来，这些组合看似有点奇怪，甚至难以理解。但是，在喜欢它的人看来，这是一种绝妙的享受。

特别是在时尚界，人们对美的理解更是五花八门。有些人会紧跟大众的时尚潮流，而有些人则会选择穿上看似奇怪的服装。比如，有人穿着一件由小玩具组成的连衣裙，他觉得这很时尚。再如，有人穿着一双巨大的拖鞋，拖鞋上还有一个小水池，里面游着一条小鱼。你或许会想，他是想要在鞋上养鱼，还是想要给自己的脚做水疗？

许多时候，这种看似另类，甚至有些奇葩的审美并不完全是为了展示个性或者为了吸引目光，而是为了在一定程度上体现了个人的美商及艺术创作力。

毕加索是20世纪最著名的艺术家之一，他的艺术创作风格体现了他对美的独特认知与理解。他有着丰富的审美经验，接触了许多不同的艺术流派和风格，包括传统的西班牙绘画、法国印象派、非洲黑人艺术等。这些不同的艺术经验为他的创作提供了素材和灵感。

毕加索的思考和分析能力非常强，他不断地反思和挑战传统的艺术概念和规则。例如，在他的蓝色时期和粉红色时期，他通过运用单一的颜色和简洁的线条来表现情感和主题。这种独特的艺术表现方式在当时的艺术界是非常前卫和创新的。

此外，他的审美判断力也非常独特，他从不被他人的评价和观点左右，始终坚持自己的艺术创作理念和风格，其作品充满了想象力和创造力，展现了独特的视觉语言和艺术风格。

正是因为毕加索对美有独特的认知与理解，才拥有超强的艺术创作能力，进而成为一名伟大的艺术家。

在平时的生活中，我们该如何以独特的视角来理解美呢？关键要保持开放的心态和好奇心，不要局限于自己的舒适区，尝试去接触和体验不同类型的艺术作品，细细品味音乐、电影等带给我们的艺术享受。通过多样化的体验，发现更多美的形式，拓宽自己对美的理解。

具体来说，要做好以下几点。

1. 和他人分享你对美的理解

和朋友们一起讨论一幅画、一首歌或者一部电影，听听他们的观点和感受，你会发现每个人对美的理解都是独特的。在交流过程中，我们不但能知道他人的观点，还能够加深对美的理解，进而从中获取新的灵感。

2. 多角度思考

美是一个多维度的概念，我们可以从不同的角度去思考美，可以从感官、情感、思想等多个维度去理解美，从而产生独到的见解，也可以从艺术、科学、历史、文化等角度去思考与理解。不同的角度会带来不同的启示和领悟，帮助我们更好地理解和欣赏这个世界。

3. 培养独立的思考能力

在理解美的时候，我们需要关注自己的感受，着重培养观察力和思考力。我们需要问自己：这种美给我带来了什么感受？为什么这种美会让我感到舒适或不安？这种美在哪些方面表现出了独特性或创新性？通过独立思考，我们可以更好地理解和欣赏美，同时也可以提高自己的思维能力和创造能力。

4. 不断探索与学习

通过学习和了解不同的艺术形式、文化背景和哲学思想，我们可以开拓自己对美的认知。可以尝试欣赏不同类型的艺术作品，阅读有关美学和哲学的书籍，与他人交流讨论，从中获得新的见解。

总之，对美的理解是因人而异的，每个人都有自己独特的看法。正是这些独特的理解与认知让世界变得多姿多彩，让我们的生活更加有趣。所以，我们应该欣赏每个人对美的独特认知。

欣赏美：美不只在眼里，更在心中

无论你是谁，当你看到了美，你不可能无动于衷。你一定会情不自禁地锁定这个美丽的事物，有可能是风景，有可能是人，也有可能是某个有趣的想法。你为什么要欣赏这种美？因为它会激起你内心的本能追求。

你是否曾经看到过一只可爱的小猫咪？当你看到它时，你是不是感到心情愉悦，忍不住想要摸摸它的小脑袋呢？你是否曾经听过一首动听的音乐，然后被它的旋律打动？

无论是看到可爱的小猫，让你感到快乐，还是音乐中的音符触动你的心弦，这些都体现了我们内在的某些情感，也正是这些情感，让我们看到了别样的美。这意味着我们对美的感知不仅取决于我们的视觉，而且是由我们的内心决定的。当我们看到一个美丽的事物时，我们的心灵会被触动，感受到一种愉悦和满足。这种愉悦和满足是因为我们内心的某些体验和情感被唤起了，而不仅仅是因为看到了美好的景象。

唐代诗人杜甫在《春夜喜雨》中写道："好雨知时节，当春乃发生。随风潜入夜，润物细无声。"他敏锐地观察到了生活中的美好和细节，通过诗歌的形式表达出来，让人们感受到他当时的心境，以及他的审美感受力和文学才华。

当然，要拥有这样的心理感受，需要我们具有一定的审美能力和观察力，能够发现美的元素和细节，理解美的含义和情感。例如，在欣赏一幅画作时，我们可以感受色彩和线条的组合之美，同时也能够理解作者想要表达的情感和主题。著名画家达·芬奇的《蒙娜丽莎》就是一幅充满美感的作品。当我们仔细观察这幅画时，我们可以感受到蒙娜丽莎微笑背后的神秘和深情。这种细腻的表达方式让我们对美有了更深刻的理解。

同理，在欣赏一首音乐作品时，我们可以感受旋律和节奏的韵律之美，同时也能够理解作曲家想要传达的情感和意义。艺术家们往往会通过绘画、雕塑、音乐等形式，将他们对美的认知与理解表达出来。在欣赏作品的时候，如果你无法理解他们的内心，便无法感知作品的美之所在。这也是为什么同一幅艺术作品，可能引发不同人的不同审美体验和情感反应的一个重要原因。比如，一幅抽象绘画作品，在一些人眼中可能是丰富的情感表达，而在另一些人眼中可能是难以理解的混乱之作。

著名美学家朱光潜在其《我们对于一棵古松的三种态度》的文章中说：

“你说一件事物是美的或是丑的，这只是一种看法。”什么意思呢？山上有一棵古松，一位木商，一位植物学家，一位画家，三人一同来观赏这棵古松，但是，他们所觉知到的却是三种不同的东西：在木商看来，它是用来做物件的好材料；植物学家认为它是一棵有年代感的植物；画家看到的是一棵苍翠挺拔、昂然高举的古松。各人所见到的古松都是他们自己性格和意趣的反照。

很多时候，我们欣赏美的同时，会将自己的心理投射其中，进而把外景加以人情化或艺术化。从这个角度看，美不在眼睛里，而是在心里。在现实生活中，类似这样的例子有很多。

想象一下，你正走在大街上，看到一个人穿着一件非常奇特的衣服。按照传统的美学标准，这个人的穿着可能会被认为是“丑”的。然而，如果你对这个人了解更多，你可能会发现他是一位非常有趣和友善的人。他的衣着风格可能只是他个性的一种表达方式。在这种情况下，你可能会开始改变你对他的看法，甚至开始觉得他的穿着很有趣迷人。

再比如，你正在一家餐馆里吃饭，点了一道菜。当这道菜端上桌时，你觉得它看起来让人没什么胃口。但是，当你尝了一口后，发现它的味道还不错。这种情况下，你的眼睛并没有给你正确的判断，而是你的味蕾告诉你这道菜是美味的。

再来看一个有趣的例子，是关于恐怖电影的。很多人都喜欢看恐怖电影，因为它们能给人带来刺激和紧张的感觉。虽然这些电影中的场景看起来非常可怕，但是我们却能从中感受到一种奇特的美。这种美不是来自电影中的恐怖场景本身，而是来自我们内心的刺激感和兴奋感。

我们看到的美不只在眼睛里，也在我们的心里。我们的内心决定了我们对美的感知和理解。有时候，我们的眼睛会欺骗我们，但是我们的内心能帮助我们看到真正的美。所以，当你下次看到一件奇怪的衣服或者一道普通的菜时，不要急于做出判断，让你的内心来做出决定。

所以，我们不要只满足于欣赏自然风景、艺术作品等外在之美，而要有一颗善于发掘美、热爱美的心。如果我们能看到别人看不到的美，不仅说明我们的欣赏水平、艺术修养要高于常人，更说明我们比他人更容易感受到世界的美好，活得更有情趣。

展示美：用自己的方式展示你的美丽

很多人会说："展示美还不简单！只要化妆、穿漂亮的衣服就好了。"其实不然，展示美不仅仅指展示外表，它更多的是展示一种审美，一种内在的态度。

打一个比方，有一件造型独特的清代家具，被放置在乱糟糟、脏兮兮的仓库中，你无从感受它的审美价值，只会觉得它是一件过时的，甚至毫无实用价值的破烂。但是，当你把它放置在一个独立的空间，或者放在与周围环境、风格相符合的地方时，它的美与价值就能得到充分的体现。为什么？因为它能与环境和谐共处，在环境的衬托下，它不但让人看得很舒服，而且有了几分时尚气息。

人也是如此。每个人都希望在众人面前保持良好的形象，每个人也都有自己的特点、气质等，只有用适合自己的方式展示自身的美之所在，才能打开自己的能量场，才不会产生违和感。要做到这一点，须具备一定的审美修养。如果自己的审美出了问题，那穿着打扮、妆容或者整体形象塑造就容易跑偏，甚至会闹出笑话。

比如，很多人喜欢赶时髦。他们总是试图跟上每一个时尚趋势，但却不知道如何将这些元素合理地融入自己的形象设计中。有时，他们会穿着一身五颜六色的衣服，搭配上各种花哨的配饰，看上去像是一幅抽象画，让人摸不着头脑；有时，他们为了展示自己的身材，会穿着一身过于紧身的衣服，以至于每一次呼吸都变得困难。

再如，有的人对搭配的比例完全没有概念。他们会将过大或者过小的衣物搭配在一起，结果看起来就像是从童话故事中走出来的巨人或者小矮人。有时他们会穿着一件过大的外套，将自己的身体完全包裹其中；有时他们会穿着一件过小的上衣，将自己的肚子暴露在外面。

虽然美没有对错，但是审美有高低。展示自己的美是一门艺术，我们要恰到好处地展示自己的风格，避免不伦不类。对此，一定要注意以下几个问题。

1. 明确个人的风格

无论是外表还是内在，每个人都有自己的独特之处。只有了解自己的独特之处，才能更好地展示自己的美，才能让外表与个性、场合协调。比如，要注意衣服的搭配、妆容的选择、发型的设计等，少犯一些“美丽的错误”。

2. 展示自己的才能和特长

可以通过才能和特长展示自己的美。例如，如果你有音乐才能，可以通过演奏或演唱展示自己的美；如果你有舞蹈特长，可以通过舞蹈表演展示自己的美；如果你有绘画才能，可以通过绘画作品展示自己的美等。当然，在认可和发挥自己优点的同时，也要接受自己的不足之处。这种自我认知和接纳也是提升自己独特之美的重要一步。

3. 发掘自己的兴趣爱好

人们常说，爱好是一面镜子，能够展示一个人的个性和特点。无论是音乐、绘画、摄影，还是跳舞、写作，都是展示自己独特之美的方式。通过发掘和追逐自己的兴趣爱好，我们能够培养自己独特的思维方式和创造力。这个世界是多元的，每个人都有可能在某个领域中脱颖而出。

4. 形象设计要与场合匹配

不同的场合需要不同的打扮，这是我们避免不伦不类的关键。如果你要参加正式的活动，那就选择一套合适的正装；如果你只是去超市买菜，就可以穿得舒适随意一点。也就是说，要在不同场合中找到平衡，无须过分修饰或包装自己，这样才能既展现自己的个性、气质，又不会过于突兀。

5. 尝试新的事物和接触新的人

融入新的环境和社交圈子，能够让我们更好地与不同背景的人交往，开拓新的视野和思维方式。通过主动参与社区活动或志愿者工作，我们可以展示自己的胸怀和热情，这也是显示我们独特魅力的方式之一。

除此之外，一定要记住：真实的自己才是最美的。任何时候，都不要刻意去迎合他人的期待和标准，坚持做自己。相信自己的直觉和内心的声音，可以理性分析他人的意见与批评，但不要轻易就被他人的看法动摇。独特之美不是可以模仿的，它源自每个人真实的内心和生活经历。只有保持真实和独立，才能展示出真正的独特之美。每个人都有自己独一无二的美丽之处。

创造美：心灵是美的“加工厂”

我们知道，美是一种主观感受，它可以是外在的，比如一个人的容貌；也可以是内在的，比如一个人的善良和智慧。而心灵，可以说是美的“加工厂”。

为什么这么说呢？一个重要的原因是，心灵可以通过感知、理解和创造来改变和提升我们对美的感知和体验。

1. 心灵通过感知世界来改变我们对美的理解

每个人对美的理解都是独特的，这是因为我们都有不同的经历和观念。当我们用心灵去感受世界时，我们能够更加敏锐地捕捉美的细节和精华。例如，一个摄影师通过镜头展示自己对美景的捕捉，在他的作品中我们可以感受到他对光影和色彩的独到领悟。同样，一个音乐家通过乐器演奏传达出对音乐的热爱和理解，让人们产生共鸣。这些都是用心灵感知美的例子，通过这些感知，我们能够更加深刻地理解和欣赏美的存在。

举一个例子，假设有一画家，他的作品总是充满了创意和想象力，每一幅画都让人赏心悦目。但是，他的相貌平平，穿着也不怎么讲究。然而，每当站在自己的作品前，他的眼睛里都会闪烁着灵感的火花，笑容中透露出对艺术的热爱和追求。这种内心的美也给他的创作带来了许多灵感。不可否认，内心的美将他的作品提升到了一个新的高度。在创作过程中，他的心灵就像一个“加工厂”，将他的内在美转化为了外在的艺术作品。正如一句名言所说：“艺术是灵魂的镜子。”

2. 心灵通过理解来改变我们对美的体验

美是一个复杂的概念，需要我们去理解和解读。当我们用心灵去理解美的内涵时，我们能够更加全面地把握美的本质和价值。例如，艺术品是一种表达和传达美的方式，当我们用心灵去解读艺术品时，我们能够理解艺术家的创作意图和表达手法，从而更加深入地体验和理解艺术作品中的美。同样，当我们用心灵去理解自然界的美时，我们会发现每一片树叶、每一朵花朵都蕴含着自然界的智慧和神奇。通过心灵的理解，我们能够更加细腻地感受和体验美的存在。

芭蕾女神谭元元，担任美国三大芭蕾舞团之一——旧金山芭蕾舞团主要演员的唯一华裔，是参加捷克布拉格世界明星汇演的第一位亚洲人，精湛的芭蕾舞技惊动全世界。

人们对她的评价是：“她一上台，总能吸引所有人的视线。”难道谭元元的容貌十分美艳吗？当然不是！而是她的美商极高，几十年如一日在芭蕾舞中练出的气质，以及对美的理解与追求，使她成为国际舞台上一颗耀眼的明星。

有人问她：“如果你不跳舞了，会做什么？”她回答说：“我还是会做跟芭蕾有关，跟‘美’有关的事。”

台上一分钟，台下十年功。因为这份对芭蕾艺术、对美的纯粹热爱，她付出了许多，甚至要长时间忍受伤痛的折磨。可见，舞台上的耀眼光芒背后，是她对艺术坚持钻研、不断创新的极致追求。

3. 心灵通过创造来改变我们对美的认知

创造是一种表达美和创造美的过程，只有当我们用心去创造才能发现美的可能性。当我们用心灵去创造时，我们能够将美的想象和灵感通过艺术、文学、音乐等形式实现。例如，艺术家通过表达自己的情感和思想，创造出富有美感和表现力的作品；作家通过文字创造引人入胜的故事和形象，让读者沉浸在美的世界中。这些创造都是心灵对美的诠释和表达。通过创造，我们能够发掘出更多的美。

综上所述，心灵是美的“加工厂”，是因为它的创造改变和提升着我们对美的感知和体验。通过心灵，我们能够更加敏锐地感知美的存在；通过心灵，我们能够更加全面地理解和体验美的本质；通过心灵，我们能够创造出更多的美。这种美的加工和创造不仅丰富了我们的生活，也让我们更加深刻地认识到美的价值和意义。因此，我们应该用心去感知、理解和创造美。

第三章
形象美学管理的六个方面

好形象主要来自两个方面：一是“好看”本身，二是形象美学管理。恰当地运用形象美学，可以瞬间拉高个人形象，让你变得精致、有美感、不油腻。

妆容：突出整洁、大方、得体的形象

化妆是一门艺术，也是一种魔法。一个熟练的化妆师可以通过一些化妆品和技巧，将一个普通的女孩变成一个令人惊艳的女神，让她的五官看起来更加精致和迷人。

想要通过妆容来展现自信和优雅的一面，在化妆时就要注意“四看”。

1. 看场合

在不同的场合中，我们需要展现出不同的形象和氛围，这就需要我们选择适合的妆容来呈现自己。

在正式的社交场合中，比如参加重要的商务宴会或是公司会议，需要展现出自信、专业和庄重的形象。因此，妆容应该注重细节，要求精致而不夸张。深秋色系的口红，如酒红色或玫瑰色，可以给人一种成熟而优雅的感觉；眼妆可以选择自然的棕色调，突出眼神的明亮和自信；腮红可以选择温和的粉色系，提亮面部轮廓。在这样的场合中，妆容的目标是让人们对你的外表留下深刻的印象，而不会分散注意力。

除此之外，如果参加晚宴，妆容可以化得稍浓一点；如果参与一些娱乐活动，可以化得年轻时尚一点；如果是很正式的场合，则不宜化浓妆，以清新淡雅的妆容为宜。不论在哪种场合，都需要根据自己的身份来化妆。

2. 看年龄

年龄是一个人的重要特征，也是妆容选择的一个重要因素。不同年龄段的人有不同的肌肤状况和需求，因此，需要用相应的妆容来展现最佳状态。

对于年轻人来说，皮肤湿润、富有光泽是最大的优势。他们通常拥有较少的皱纹和瑕疵，妆容以清新、自然为宜。粉底液、蜜粉和腮红等产品能够提亮肌肤，使其看起来更加晶莹剔透。年轻人的眼妆可以尝试一些亮色眼影或炫彩眼线，以增加个性和时尚感。

对于中年人来说，皮肤开始出现细纹、松弛和暗沉等问题，因此，妆容的选择也需要有所调整。在这个年龄段，粉底液和遮瑕膏等产品可以起到修饰肌肤的作用，增强肌肤的光泽和年轻感。可以选择具有修复功效的护肤品，帮助皮肤恢复光泽，使用带有提升效果的眼影色彩，可以让眼部线条变得清晰，让眼神焕发出自信和智慧。

随着年龄的增长，皮肤的老化现象会变得更加明显。这时，妆容要更加注重修饰和遮瑕的效果。需要选择更厚重的粉底液和遮瑕产品，以掩盖皱纹、黑斑等问题。同时，使用饱和度较高的眼妆色彩，能够增加眼部的亮度和神采。唇部也需要注意保湿和修饰，可以选择富含抗衰老成分的口红，让双唇显得更加饱满和年轻。

当然，无论是年轻的妆容，还是成熟的妆容，都要注重实际需求和个人特点。只有找到适合自己的妆容，才能展现出最美丽的一面。

3. 看性别

在过去，人们普遍认为妆容是女性的专利，而男性则应该落落大方地展示自然的面貌。然而，在当今社会，这种传统观念正在悄然改变，我们不能忽视性别在妆容选择上的差异。

女性的妆容通常更加多样和复杂，可以突出其柔美或娇媚等特质。她们可以运用各种化妆品来涂抹粉底、腮红、口红，通过修饰眉形、画眼影和眼线来塑造自己理想中的形象。通常，职场中的女性妆容应趋于端庄、淡雅的职业淡妆，只要将面部的瑕疵遮住即可，忌把工作妆化成生活妆，像粗重的眉毛、黑黑的眼线、鲜艳的口红就有失得体。另外，要着重化好眼部妆，使双眼明亮有神，同时鼻梁用高光色，以突出立体感。

在过去，男性多数不愿涂抹化妆品，这可能与男性强调阳刚之气和自然面貌的价值观有关。然而，随着时代的发展，一些男性开始接受妆容作为表达自我的一种方式。他们使用化妆品来修饰自己的面容，突出自己想要展示的特点。例如，在一些专业场合，男性可能会使用粉底和粉饼来打造干净的外表，以增强自信和专业感。

总体来说，男性的妆容选择比较简单，大多注重保持肤色的均匀和清爽，或是通过化妆来体现皮肤的质感，强调挺立的鼻梁、浓密的眉毛和丰厚的嘴唇。

4. 看整体

美是一个整体，化妆也是如此。妆容既要考虑场景、身份、肤色、个人特点、时间、灯光，还要把握自己的面部特征和个人气质，以及所选择的服装与发型的色彩与款式等。忽视了任一方面，整体的造型效果都会受到影响，甚至会留下浓重的人工雕琢的痕迹。

比如，妆容要与肤色相融。肤色是一个人的底色，也是整体形象的基础。因此，在选择妆容时要根据自己的肤色来调整妆容的色彩搭配。比如，肤色较浅的人可以选择柔和的浅色系妆容，使肤色看起来更加纯净透明；肤色较深的人则可以选择一些亮丽的色彩来突出自己的气质和个性。

再如，妆容要与服装相匹配。无论是衣着还是妆容，都是通过外在形象来展现自己的风格和气质。因此，在选择妆容时要与所穿的服装相呼应，形成一个整体的和谐感。当你穿上一件简约而精致的礼服时，妆容可以选择一款优雅而精致的正式妆，使整体形象更加得体大方。

无论是哪个场合，哪种妆容风格，都要把整体形象放在首位。妆容整体协调，可以提升整体形象，使人更加自信和魅力四溢。

妆容的整洁、大方和得体既需要我们的细心呵护和保养，又需要适时地调整和修整。只有在细节上做到精致和完美，才能展现出自己最美丽和最自信的一面。让整洁的妆容成为我们自信和优雅的象征，给人留下美好的第一印象。

发型：造型要与脸型相匹配

发型是人们日常生活中非常重要的一部分，它直接影响着个人形象的塑造。然而，要选择适合自己的发型，并不是一件容易的事情。与头型、脸型相匹配的发型是必不可少的，因为它能够最大限度地凸显个人的特色和优点。

1. 发型要与脸型相匹配

你有没有注意到，有些人的发型看起来就像是由造型师精心塑造的一样，有些人的发型则像是被一只顽皮的小精灵捣乱过一样，毫无美感可言。

的确，发型有各种各样的形状。但无论你的发型是什么样的，都应该与脸型相匹配。

想象一下，如果你的脸型是圆圆的，但你却把头发剪成了蓬松的狮子鬃毛状，是不是很滑稽？那你的头看起来比身体还大，就像个行走的西瓜。如果脸型比较窄，适合选择一款蓬松的发型，以增加头部的层次感；如果脸型比较方正，可以选择比较圆润的发型，以柔化面部线条，创造出柔和的形象。

总之，脸型是人们外貌特征中的一个重要组成部分。无论你的脸型是什么样的，都要找到适合它的发型。

具体来说，圆脸适合的发型应该是有层次感的中长发，可以有效地拉长脸部线条，使脸部看起来更加修长。而方脸适合选择一些有弧度的发型，以弱化面部的棱角，呈现出更加温柔的形象。对于长脸来说，最好选择一些中长发或短发的发型，以增加脸部的宽度感，使整个面部看起来更加协调。

当然了，如果脸型比较规则，且介于圆润与方正之间，那可以尝试多种发型，如卷发、直发、短发、长发等，甚至是那些“稀奇古怪”的发型，比如高挑马尾辫、蓬松泡泡头等。你只需挑选你喜欢的发型，然后大胆尝试。

2. 发型要与个人风格和个性相匹配

每个人都有自己独特的风格和个性，发型能够很好地呈现个人的特点。如果一个人比较独特和个性化，可以选择一些比较前卫和时尚的发型，以展示出与众不同的一面。而对于比较保守的人来说，则可以选择一些经典的发型，以突出稳重和成熟的形象。

3. 要让头发保持清爽干净

能时刻保持一头蓬松清爽秀发的女生，有着独特的魅力，即使不说话，也总是那么风情万种。大多数男孩子心中的女神，也都拥有一头乌黑亮丽的头发，随风飘扬的样子实在不要太美。

很多女孩子几天不洗头，头发就会变得软塌没有造型，一缕一缕地贴在脑门上。头皮一出油，就会有一股难闻的味道，即使妆容精致，也很难和干净、清爽联系在一起。有的人头皮屑较多，挠来挠去，不仅损伤头皮，还会掉发、脱发。即便发型再漂亮，与头型再般配，也谈不上美，让人看到的只是邋遢。

发型与头型、脸型相匹配是塑造个人形象的关键。每个人都应该根据自己的头型、脸型和个性特点来选择适合自己的发型，以展现出最好的一面。在选择发型时，可以咨询专业发型师的意见，他们会根据个人情况给出最合适的建议。通过选择适合的发型，无论是在工作场合还是社交场合，都能让自己更加自信和出众。

衣品：衣服穿对了，人就美了

衣服不仅是遮体保暖的工具，而且还全面地体现着你的审美和品位，隐藏着你审美背后的行为风格与处世心态，同时，彰显着你的身份、涵养，影响着公众对你的评价。所以，有品位的人，出门前会精心为自己挑选一套合适的衣服。

从这个意义上说，着装是一种传播行为，它既要符合个人在社会、生活、工作中的角色，又要体现个人形象与符合场景要求，贴近受众的审美期待。因此，着装不能太过随意，一定要体现出良好的衣品。当然了，好的衣品不仅是选择高品质的服装，更重要的是掌握搭配和穿着的技巧。

1. 了解自己的身型和肤色

不同的身型和肤色适合的穿搭风格和颜色是不同的。身材苗条的人可以尝试紧身或修身的服装，以突显身材曲线。而身材丰满的人可以选择宽松的款式，避免突出身体上的缺点。肤色偏黄的人可以选择一些明亮的颜色，如粉红色、蓝色等，这样可以起到提亮肤色的作用。而肤色偏白的人可以选择一些深色的服装，如黑色、红色等，这样可以增加肤色的层次感。

2. 着装与场合要搭配

着装要符合主持时的场合。对于正式场合，选择正装是最为得体的，可以给人留下严肃和专业的印象。比如在电视媒体中，出于礼貌和对观众的尊重，主持人在不同的节目，要穿与节目相应的服装，而不能一套服装什么节目、什么时间段都穿着上场。在休闲场合，可以选择一些休闲的服装，如T恤、牛仔裤等，这样既舒适又时尚。在婚宴上，衣着不要比新郎新娘更华丽鲜艳。在日常生活中，着装应舒适自然，给人亲切随和之感。

3. 脸型与衣领要搭配

在选择服装时，要考虑自己的脸型。脸型与衣领搭配应把握好这么几点：圆形脸的人不宜穿圆形领、方形领的上衣，宜选择V字领或U字领，以在感官上缩短脸的横向比例；长形脸的人可选择开口稍高一点的圆形领，这样脸部看上去会显得圆润一些；方形脸的人不宜选择一字领或方领，可选择桃心领；三角形脸的人可选择U形领，脸型的线条会显得柔和一些；倒三角脸型的人宜选择开口浅的船型领；菱形脸的人应选择一字领，或是比较舒展的领型。

4. 形象与颜色要搭配

服装颜色能衬托一个人的性格、气质，选对了颜色，会给自己的形象加分。平时，在根据场景来搭配服装时，应把握这样几个原则：突出一种积极向上、热情奔放的氛围，可选红色；想表达一种浪漫、温馨的感觉，宜选择粉色；要传达一种温暖、健康的心意，可选橙色；要想充满活力，宜选黄色；要营造一种典雅、高贵的氛围，可选紫色；要塑造端庄、严谨的形象，可选黑色；要体现沉稳、内敛的性格，可选灰色。

5. 服饰色彩与环境色彩匹配

我们生活、工作的环境主要有两种，一种是自然环境，一种是人工环境。在户外的话，不同的地方有不同的环境色彩，在室内的话，环境色彩主要来自装修情况。通常，在自然环境中，服饰色彩应与环境色彩相匹配。例如，光照比较强烈，就不宜穿白色的服装，可适当穿稍深，或是较鲜艳的服装。如果在演播室，布景、灯光、服装之间的颜色反差不宜太大，否则，会在交界处会产生漫反射现象。如果是在室内，且有较强的光线，就不宜穿发亮的面料，那样会损失色彩的层次感。

6. 适度追求时尚感

追求时尚，并不意味着需要追随每一个时尚潮流，穿上每一件流行的衣服。毕竟，我们不需要每天都成为时尚界的焦点。平时，我们只需要找到适合自己的风格，然后加入一些你喜欢的时尚元素。比如，可以选择一件有趣的印花衬衫，或者一条独特的裤子。记住，时尚是要展现你自己的独特魅力，而不是盲目地追求时尚。

最后，需要记住一点：自信是穿出好衣品的最佳辅助。在掌握了上述着装技巧后，无论什么样的衣服，都要表现出从容自信的态度，以积极的态度面对别人的评价与眼光，这其实也是一种自我审美的表达与个性的彰显。

身材：健康的身型成就自信之美

从美商的角度来看，美不美，不能只看脸，还要看身材。

现代社会给我们带来了很多舒适便利的生活方式，但同时也带来了不少诱惑。面对美食的诱惑和久坐不动的工作，我们很容易陷入不良的生活习惯，进而导致身材走形，例如肥胖、体态松弛、线条失去流畅和曲线变形等问题。肥胖不仅会影响自己的形象和自信心，而且也容易增加患心血管疾病、糖尿病和高血压等风险。所以，无论从哪个角度看，我们都应该关注自己的身材。

这个世界上，只要你不懒，有一定的自我控制能力，就一定可以控制好自己的身材。虽然遗传对身材有一定的影响，但好身材一定是后天修来的。这个过程说难不难，说简单不简单。难，是因为如果身材已经大变样，却想在短时间内恢复成理想的样子，这有些难；简单，是因为每天都坚持做一些力所能及的事，日积月累，终会看到可喜的变化。

虽然个人的美丑不应由身材的肥瘦所定义，但优雅、适当、健康且自我满意的身材能给我们带来自信。当然了，拥有一个较好的身材，不一定非要让自己变成一个健美冠军或者模特，但至少要让自己的身材看上去比较协调、健康。要达到这个目标，我们必须在多个方面付出努力。

1. 拥有积极的心态

好心态是拥有好身材的第一步。无论是想要减肥塑形，还是想要加强肌肉力量，都不是一蹴而就的事情，我们必须有耐心和毅力。当我们遇到困难时，我们要学会笑对困难，笑一笑，问题就可能会迎刃而解。另外，要制订一个明确的目标，并将其贴在视觉范围内，以便时刻提醒自己努力追求。相信自己能够达到这个目标，并为此付诸努力，这样才能真正实现对理想身材的追求。

2. 保持合理的饮食

无论是减肥还是增肌，都需要健康均衡的饮食。合理的饮食结构能够提供身体所需的各种营养，从而保持身体功能的平衡和正常运转。例如，适当的早餐可以为身体提供能量，并促进代谢的启动。营养丰富的午餐可以为身体提供所需的维生素和蛋白质，保持机体的正常功能。晚餐可适量控制，避免摄入过多的热量和脂肪。此外，少量食用水果和坚果等营养丰富的食物也是明智之选。

3. 进行适度的运动

运动不仅可以燃烧卡路里，还可以增加肌肉强度和改善代谢效率。根据自身需要选择适合的运动形式，并根据个人情况逐渐增加运动的强度和频率。例如，每周进行三到五次有氧运动（慢跑、游泳、骑自行车等），这样能有效促进脂肪的燃烧，提高身体的代谢率；或者进行一些力量训练（如举重、俯卧撑等），以增加肌肉量，使身体更强壮。

合理安排适度的运动是保持好身材的重要环节，可以塑造和强化肌肉以保持身体的协调性和线条美感。此外，与朋友一起选择喜欢的运动项目，不仅能增加运动的乐趣，还能增加互动，推进彼此的关系。

4. 良好的睡眠和适当的休息

睡眠可以消除疲劳，维持身体的正常机能。研究发现，睡眠不足会导致食欲增加，影响新陈代谢，并导致体重增加。因此，确保每天有足够的睡眠时间，并保持规律的作息对于身材的塑造至关重要。

综上所述，保持良好的身材需要积极的心态、均衡的饮食、适度的运动以及良好的睡眠。通过合理的饮食结构，合理分配各类营养物质的摄入量，能够保持身体的正常运转。适度的运动能够消耗脂肪、塑造肌肉、增强协调性。良好的睡眠和适当的休息能够帮助身体得到恢复、修复，提升身体机能。建议每个人根据自己的实际情况，有计划地制订和坚持这些健康的生活方式，从而达到保持好身材的目标。

表情：恰如其分地表达自己

在现代社会中，人们越来越重视个人形象的塑造与管理，而表情常常成为他人对我们的第一印象的来源之一。无论是在工作场所、家庭中，还是在社交媒体上，表情作为一种无声的语言，可以传达情感、意图和态度，是我们内心的外在表现。同时，表情还是共情的桥梁。通过适当的表情，更容易取得对方的理解与信任。所以，表情管理能够很好地帮助我们在各种社交场合中更加自如地表达自己，促进人际交往。

当然，表情管理并非只是简单地控制面部表情的呈现，更多的是通过细微的变化和表达，全面展示自己的情感状态和态度。当我们面对他人时，活泼灵动的笑容可以展示出我们友善、开朗的个性特征，增强人际交往时的亲和力。相反，冷漠或者愤怒的表情则会给他人留下不友好的印象，使沟通变得困难而紧张。

那么，在一些现实场景中，该如何进行表情管理呢？

1. 保持内心的平和

日常交流中的表情管理，根基在于内心。一个人的行为举止，就像一面镜子，反映出他的内心世界。装，是注定不能长久的。每个人都有各自独特的个性，就像花园里的花朵，各不相同。有些人喜欢静静聆听，思考问题的本质；有些人则喜欢成为焦点，掌控全场。面对那些你不喜欢的高谈阔论，你要认真去听，但心里要明白，自己可能很难和这类人成为知己。

总之，面对他人要真诚，要有包容心，内心平静如水，表情也就自然和谐。如此一来，整个人会处于一种舒展的状态，而不会有拘束感。

2. 学会观察自己的表情

有时候，我们可能会不自觉地展现出一些不适当的表情，这可能会给人留下不好的印象。因此，我们需要学会观察自己的表情，注意自己的表情是否与自己的情感相符。如果我们发现自己的表情不合适，我们可以尝试通过练习来改变它。比如，我们可以在镜子前面练习各种表情，观察自己的脸部肌肉是如何运动的。通过这种方式，我们可以更好地掌握自己的表情，使其更加符合场合的需要。

3. 正确回应他人的情绪

有时候，我们可能因为无法准确理解他人的表情，导致我们对他人的情感产生误解。因此，我们不仅需要学会观察他人的面部表情，而且要学会结合他人的语言和肢体语言进行综合分析。比如，当我们看到一个人皱起眉头时，可以结合他们的语言来判断他们是不是在生气。通过这种观察和分析，我们可以更好地理解他人的情感，从而灵活应对。总之，我们不能只关注自己的表情，还要善于观察他人的表情细节，综合分析后对他人的情绪予以理解和回应。

4. 减少不当的微表情

微表情通常是情绪和感受的真实反映。这些持续时间极短，几乎无法察觉的微小变化，可能正是泄漏我们真实感受的细微线索。例如，当一个人因不诚实而感到紧张时，眼睛可能会闪烁一下或嘴角稍稍上扬。这些微妙的变化，尽管微不足道，但会对我们的交流和沟通产生重要影响。

尤其是在一些公开场合，一定要避免做出一些不当的微表情。比如，有人喜欢翻白眼，遇到看不顺的人与事会翻，心情郁闷时也会翻。再如撇嘴，发现别人撒谎，或是吹牛时，有人会不自然地撇一下嘴。

那么，如何减少一些不当的微表情呢？可以通过提高对微表情的敏感度、控制情绪、适当调整眼神接触以及观察他人的行为等方式，逐渐减少一些不当的微表情的出现。

5. 恰当运用动态表情

表情主要有两类：一类是静态表情，一类是动态表情。静态表情，很好理解，就是你不说话、不做事状态下的表情，比如，你独处时，要不要保持微笑，要不要挤眉弄眼；听人说话时，要不要皱着眉头、瞪着眼睛……很多时候，这些表情都是在你无意识的状态下做出的，它们能真实地反映你的心理状态。

动态表情主要指交流状态下的表情。比如，在与人交流的过程中，心情好时会眉飞色舞，心情差时会咬牙切齿，生气时会面露狰狞……每一种表情都会向外界传递你的心理状态。恰当地运用动态表情可以为自己的形象加分。比如，在遇到尴尬的时候，可以讲一个冷笑话，并用夸张一点的表情来表达自己的困惑，使交流变得顺畅。当然了，动态表情运用不当，也会给别人带来不适，甚至是尴尬。

研究表明，积极的面部表情能够激发大脑中产生愉悦感的神经传递物质，如多巴胺和内啡肽，从而提升自身的幸福感和抵抗力。相反，消极的表情则会释放压力激素，如儿茶酚胺和皮质醇，影响身体健康。因此，通过更好地管理表情，我们能够促进自身的积极情绪和心理健康。

总之，表情管理对于个人的情绪调节、社交关系和心理健康都有着重要影响。它不仅能让我们更好地理解和控制自己的情绪，还能提升人际关系和身心健康。通过学习和实践表情管理，我们可以成为更加积极、自信和幸福的个体，与他人建立更加紧密和有意义的联系。

仪态：举止优雅，展现神韵之美

在这个时代，我们经常会被各种各样的标准和理念束缚，认为只有外貌出众才能算是真正的美。外表固然重要，但是仪态才是真正能让我们散发出迷人魅力的关键。

相貌好看的人，他们可能拥有一张天使般的脸蛋，或者是一双大大的明亮眼睛。但是当他们走路像个鸭子，或者坐姿歪歪斜斜的时候，这些外貌上的优势就被抵消了。相反，一个仪态优雅的人，即使长相普通，他们的自信和优雅的举止也会让人眼前一亮。他们散发出的自信和从容的气质，比任何外貌上的优势更能吸引人。

接下来，我们再来看看那些不好的仪态表现。比如说，你是否见过那种吃饭吧唧嘴的声音大到让你无法忍受的人？是否遇到过那种一坐下来就不停地摇腿的人？这些行为都是仪态美的大忌！而一个仪态美的人，不仅会吃得有声有色，还会注意到周围的人是否被打扰，会用温柔的声音和轻柔的动作来展现他们的教养和修养。当然了，他们坐有坐相，站有站相，不会总是一副东倒西歪的样子。

特别是在社交场合，保持仪态美非常重要。那如何保持好的仪态呢？

1. 站姿体现协调之美

不当站姿特别毁气质。比如，你站在那里，含胸驼背，会显得脖子又粗又短，即便穿再好看的衣服，也显不出一点气质。那你想过没有，为什么往那一站，就会含胸驼背呢？一个主要原因是整个人太过放松。尤其是女性，在穿吊带裙、抹胸裙或者露背服装时，一定不要太松懈，要时刻保持舒展的肩部状态并且抬头挺胸，才能让背部挺拔。

再如，有人站立时，脖子会习惯性前倾。这也是一个非常致命的问题。当你长时间低头玩手机、玩电脑，或者是不注意肩颈问题的时候，脖子就会不自觉地前倾。这种情况就会模糊你的面部轮廓感，尤其是下颌线会不够清晰，从而导致脸看上去更大更宽。

总之，大多数人之所以体态不好，最关键的原因就在于脖子前倾和驼背，它们会间接影响颜值。导致这两个问题的“罪魁祸首”就是低头和探颈，那如何避免这些情况出现呢？

正确的做法是：头正，两眼平视前方，嘴微闭，表情自然稍带微笑；两肩平正，放松并稍向后下沉；两臂自然下垂，中指对准裤缝；挺胸收腹腰正，臀部向内向上收紧；两腿立直贴紧，两脚跟靠拢，脚尖向外夹角60°。女士可以用“V”字形或“丁”字步的站姿，男士则可以用跨立的姿势，或是双脚并行。

要避免的情况是：站得歪歪斜斜，显得无精打采；站立后，左右或前后摇晃；左右不停地换脚，或频繁地来回踱步；习惯性抖脚。

2. 走姿令人赏心悦目

行走是我们儿时就学会的基本技能，大多数人都觉得没什么，其实真正能展现一个人气质面貌的，就是行走姿势。相信很多人小时候都被家长一再提醒：“直起腰来走路，别像个老太太。”由于从小不注意走路姿势，成人后，有人便习惯了一些不雅的走姿。比如，有的人走路姿势呈外八字，有的人习惯甩膀子，有的人左右摇晃，还有的人弯腰驼背……这都极大地影响了个人形象。特别是女性，走路一定要有美感。有的女性把握不住要点，以为“扭起来”就体现出女人味，其实不然。优雅的走姿，不但看上去是一道风景，让人赏心悦目，而且体现了一种良好的心理状态与气质。

走姿能体现一个人的心理状态和性格特点。比如，一个人走路火急火燎，肯定是心事重重，给人的印象是做事毛躁，急性子；一个人走路慢慢悠悠，那此人多半是慢性子；一个人走路左摇右摆，此人多半不拘小节……

如果发现自己的走姿不雅，一定要有意识地去矫正、调整，使走姿看上去自然、大方。具体来说，要做到以下几点。

（1）行走时应上身挺直，并且始终目视自己的正前方。

（2）走路时应将注意力集中于后脚，并且使脚跟首先触地。女性穿高跟鞋时应全脚掌落地。

（3）步行时应保持相对稳定的节奏，不论是步幅、步速还是双臂摆动的幅度，均须注意此点。

（4）前进应当保持一定的方向。从理论上讲，男女行走的最佳轨迹应是平行线，女性的平行线应紧挨在一起。

在平时的生活中，要注意养成良好的行走习惯，克服一些不雅的仪态，如上看下看，左顾右盼；东跑西颠，方向摇摆；连蹦带跳，手舞足蹈；摇摇晃晃，东倒西歪；走路带响等。

3. 坐姿体现礼节与修养

对于一些上班族来说，久坐不运动也是影响体态的关键所在，长时间久坐再加上喜欢跷二郎腿，就会慢慢地改变体态。为此，可以在空闲时间多起来活动，或者做一些拉伸运动，在放松自己的同时，还能够改善体态。

良好的坐姿体现在三个环节：入座、坐下、离座。

入座后，上体自然挺直，挺胸，身后背部离椅背大约有两个拳头的距离。女士双膝并拢，脚跟靠紧，男士双膝可以分开，但不超过肩宽。同时，双腿自然弯曲，双肩自然弯曲，双手自然放在离膝盖 10 ~ 15cm 的双腿上，或者双手放在椅子、沙发扶手上，掌心向下。臀部坐在椅子 2/3 的地方。

坐定后，不能前倾或后仰，不能出现用手抓头、揉眼、搔脸、托脸、不停喝水等多余动作，以免有失稳重。

离座时，如果身边有嘉宾在座，应先用语言或者动作向对方示意，然后再离开。如果跟别人同时离座，必须注意先后次序。如果地位低于对方，应稍后离座；如果地位高于对方，可首先离座；如果双方身份不相上下，可同时离座。离座时，动作不要太大，应轻缓起身。

4. 手势动作要自然优雅

在交流的过程中，如果需要配合一些手势，切忌手舞足蹈，动作夸张。具体来说，需要把握好两点。

（1）手部的动作要轻盈、灵活。有时候，夸张的手势会给人一种不自然和做作的感觉，所以，我们应该避免用力过度或者过于夸张。同时，手指的动作应该柔和而不僵硬，尽量保持自然状态，以展示出我们的自信和优雅。

（2）手的位置需要注意。如果我们讲话时不知道该拿着什么东西，可以将双手轻轻合拢放在胸前，这种亲和的手姿会让我们看起来更加自信而且对话也更加投入。如果需要指出一些事物，我们可以用手掌轻轻地指向它们，但是注意不要指得太过强硬，否则会给人一种傲慢的感觉。

如果是坐着的话，双手放在哪里合适呢？有四种情况：一是分放式，即双手平放在双腿的上面，刚好左手放在左腿的正中间，右手放在右腿的正中间，手掌与大腿相平行；二是叠放式，即放在合并的一条腿的前部，或者放在交叉之后的一条腿的中前部，一般是放在双腿交叉之后的上面的那条大腿之上；三是扶手式，即一只手放在扶手的上面，另一只手放在同侧大腿的上面；四是桌子式，即双手左右张开放在桌子的上面，双手掌心向下；或者双手前臂相互交叉平放在桌子的上面，双手掌心向下。

保持优雅的手势是一门艺术，需要我们从细节中注重去培养和练习。

通过掌握正确的姿势、轻盈灵活的手部动作、合适的手的位置以及自信的眼神交流，我们可以展现出自己的修养与自信，给人留下良好印象的同时提升自己的魅力。

无论是在职场、社交场合还是在日常生活中，一个人的仪态美往往能够深深地影响他人对其的评价和尊重程度。仪态美不仅体现在外表的整洁、衣着的得体，更体现在一个人的举止、态度和言行上，这些综合体现了我们的内在修养和教养。所以，在平时的生活中要注意自己的仪态美，让它成为一张美丽的名片。

第四章
修炼内在美的七大方案

内在最能体现一个人的品格和素质。内在美的人，能从内心深处散发出一种独特的气质和魅力。修炼内在美，需要从三观、语言、品位、气质、性格、道德等方面入手，全面提升个人的综合素质与竞争力。

三观要正：分得清善恶美丑

所谓“三观”，是指世界观、价值观与人生观。

世界观是人们对整个世界的看法和观点。世界观的基本问题是精神和物质、思维和存在的关系问题，根据对这两者关系的不同回答，划分为两种根本对立的世界观，即唯心主义世界观和唯物主义世界观。

价值观是指人对于客观事物之价值关系所产生的主观反映。由于人们的社会地位、劳动能力、社会背景、知识水平、生活实践不同，往往会形成不同的价值观。统一价值论认为，我们的大脑对于事物之价值关系所产生的主观反映便是评价，评价可分为绝对性评价与相对性评价。绝对性评价就是价值观，相对性评价就是情感。

人生观是人们对生存的目的、价值和意义的看法。比如，人应该如何度过自己的一生？怎样的生活才更有意义？我们应该追求什么样的行为目标？应该采取什么样的行为模式？遵循什么样的行为准则？等等。归纳起来，人生观主要包括三个方面：人生目的、人生态度和人生方式。

三观决定了一个人对待生活的态度和方式。在现实中，有这样一种现象：三观正的人，大多过得不会太差。因为他们知道什么是美，什么是丑，什么能做，什么不能做。一个人的三观会影响他对美的感知和欣赏能力，而审美也会对一个人的三观产生影响。

我们经常说“三观要正”，但什么是正，什么是不正呢？先来看一个故事：

有一天，古希腊哲学家苏格拉底碰到一个路人，并且问他：“你知道什么是道德吗？”路人说：“忠厚老实，不欺骗别人，就是有德之人。”

苏格拉底又问道：“那为什么和敌人作战时，我们的将士却想尽办法欺骗敌人呢？”

路人说：“欺骗敌人是道德的，而欺骗自己的人才是不道德的。”

苏格拉底又问：“如果你的孩子生病了，又不肯吃药，你欺骗他说，这不是药，而是一种非常美味的东西，这算不道德吗？”

路人只好承认，这样的欺骗是道德的。

接着，苏格拉底说：“那你告诉我，不可以用是否存在欺骗说明道德，那究竟用什么来说明呢？”

路人想了想，说：“不知道道德就不能做到道德，知道了道德才能做到道德。”

苏格拉底满意地笑了，他拉着对方的手说：“你真是一个伟大的哲学家，你告诉了我关于道德的知识，使我弄明白了一个长期困惑不解的问题。”

无论是价值观、人生观还是世界观，都是一些观念的集合。三观正不正，或者说一个人的三观好不好，主要表现为态度，取决于认知。

在小的时候，人们在三观方面没有太大的差异。当他们步入社会，走进职场后，会逐渐形成不同的三观，而且差别会越来越大。当然三观没有对错，只有“你认不认同”。如果有人发表了某个观点，大家认为他三观有问题，而你又非常认同他的观点，那你是否觉得自己的三观有问题呢？当然不会。你可能认为这是大家对他的态度的一种反应。在网络上，经常会有人热衷于口诛笔伐一些名人的某个“错误”，而且很容易拿三观不正去贴标签。其实，并不是某位名人的三观有问题，而是反映了人们对名人的一种“错误”的态度。

同样的道理，当你夸一个人三观很正时，别人却认为此人“坏透了”，你是否同意他们的观点？当然不会，你只会认为是“大家讨厌他”，无关三观。毕竟，几乎所有人都认为自己的三观是没有问题的，有问题的是别人的态度。这样一来，是不是就无法评价一个人的三观了呢？或者说怎么才算“三观正”呢？

通常，对于道德性问题，涉及伤害、欺骗、背叛等，道德认为是错的。不符合道德要求的，会被大部分人认为“三观不正”。对于非道德性问题，原本就不存在“三观正不正”的问题，有的只是合不合你的心意。

人与人之间的区别在于认知维度不同，其底层逻辑正是三观的不同。

一个人的三观会影响他的审美标准和品位。人们的价值观和世界观会塑造他们的审美观念。例如，一个具有浪漫主义的人可能会倾向于欣赏自然景观和情感丰富的艺术作品，而一个注重实用主义的人则更倾向于欣赏简约实用的设计和功能性强的艺术品。因此，每个人的三观都会影响其对美的感知和欣赏能力。

与此同时，审美也会对一个人的三观产生影响。美丽和优雅的事物往往能够让人感到愉悦，从而在一定程度上影响个体的心态和情感。一个人接触到美的事物时，可能会转变他们的价值观和人生观。例如，通过欣赏描绘和平与和谐的绘画作品，一个人可能会对和平与和谐的重要性有更深入的理解和认识。因此，审美可以成为塑造一个人的三观的重要影响因素之一。

特别是女性，越漂亮，越应该注重三观。如果一个女孩品行很好，三观很正，那意味着她对待事物拥有正确的看法和价值观，这种正能量将在她的人生中发挥重要的作用。比如，她会更加注重自己的发展和能力提升，知道如何充实自己的生活，能够扮演好自己的角色，不断追求进步和成长……如此一来，她在生活中、职场中会表现得越来越出色，家人也会顺风顺水。

反之，如果三观不正，她可能会追求虚荣与物质的享受。同时，她也会容易对自己和周围的世界产生偏见和误解，经常将自己看作是弱者或者受害者，过度依赖他人的帮助，缺乏自信和独立思考的能力等。

总的来说，三观正的人内在也美，而且有品位、有深度。他们比别人更能发现周围世界的美好，更容易与他人建立真正的友谊，更享受帮助别人带来的快乐，也更容易感受到对社会作出贡献的满足感。所以，一定要修炼自己的三观，这不仅是为了我们自己，也是为了让整个世界变得更美好。

语言要美：有“颜值”更要有“言值”

在这个自媒体时代，人们越来越注重的不再只是相貌的出挑，而是希望通过“言值”的提升来吸引更多的关注和认可。“言值”即言语的价值，是指一个人在言辞表达和思想观点上的独特之处。相较于过去，如今人们更注重内在的修养和价值。

如果有人问：“你害怕当众讲话吗？”相信很多人会说：“怕。”的确，当众发言或讲话是许多人的噩梦。这种恐惧不仅体现在演讲场合，也可以在会议、报告、工作汇报等各种场合中看到。

比如，在演讲台上，有人拿着稿子念也会控制不住地手抖；有的人往台上一站，脚就不由自主地哆嗦，显得很不自在。还有更严重的，有人一上台就想摔跟头，还有人一上台就口渴，这些都是紧张的表现，极大地影响了个人的形象。

著名的人际关系学大师戴尔·卡耐基在谈到他第一次失败的演说时，曾说：“当时我没有信心，上台时很紧张，认为自己很差劲，甚至想过自杀……”马克·吐温是美国著名的演说家。他第一次在公开场合演说时，由于紧张，差点说不出一个字。后来，他和朋友谈起自己这次失败的演讲，说当时自己的嘴里仿佛塞满了棉花，脉搏跳动快得像在争夺赛跑奖杯一样。

这样的事例不胜枚举。那么，为什么那么多人害怕当众讲话呢？一个重要原因是缺乏自信。心一虚，说话就没有底气，没了底气，“言值”也就下来了。加上自己又过分关注别人的评价，越是说不好越紧张，越紧张越说不好，形成恶性循环。

面对这样的情况，该怎么办呢？或者说破局的关键在哪里呢？不要急着先去提升说话的胆量，而是要先提升语言的表现力，归纳起来有三点，即说话时要用情、用心、用脑。

蔡康永是很多人都非常喜欢的一位主持人。起初，人们没有注意到他的“言值”。渐渐地，通过他的节目、文章，发现原来他是很有思想的人。尤其是他在《奇葩说》《康熙来了》等节目中的妙语连珠，着实让人眼前一亮：“哇，这个人真是太会说话了。”甚至很多人在第一次看他的节目时，便有点崇拜他了。

蔡康永的说话风格幽默风趣，流畅犀利，而且经常只凭一句话，就能救活一个场面，甚至能消除别人的尴尬，这种说话功力是许多主持人不具备的。他的作品《蔡康永的说话之道》出版上市后，很快就成了畅销书。

蔡康永说话缘何如此有魅力？其中的门道在哪里？细细品读蔡康永的一些经典话语发现，他说话的魅力主要体现在以下几个方面。

1. 要用情——通过说话实现彼此的理解

蔡康永认为，说话可以实现人与人之间的理解。他在与人沟通时，非常在意别人的感情，并且能最大程度地理解对方，所以，他很容易与别人建立起信任与有效沟通。

他曾说："透过研究说话，你会从根本上搞清楚自己和别人的关系，搞清楚自己和别人在想什么，以及最重要的，自己到底是一个什么样的人。"

除了什么都会说出口的人，每个人都有不愿说出口的难言之隐，遇到这种情况最好不要反复追问对方。对方未必不想告诉你，只是受环境和情绪所限，那他的用字遣词、态度、眼神可能会泄露线索给你，这时你就要抓住线索，心领神会。

2. 要用心——看在眼里，放在心里

蔡康永是个高情商者，与每一个人交流，都会把对方"看在眼里，放在心里"，所以，他说的每句话都很走心，会让人感到很舒服。

他说过，拒绝别人的时候，尽量怪自己，把责任归在自己头上。例如，拒绝吃饭可以说："我和陌生人吃饭超放不开的，会很扫兴，一定会令你同学失望的，以后有机会多一点人再一起去唱歌好了。"拒绝帮忙做事可以说："啊，你看我有多拖延！老板叫我早上发的报告，我现在都还没有打完！等我先渡过这个难关再说。哦！我真是够慢的！"

再如，"对方穿得很丑，我们也要'昧着良心'称赞漂亮吗？对方煮菜难吃，我们也要'昧着良心'称赞好吃吗？我大部分时候会建议：'是的。'因为这事和良心实在没啥关系，却严重影响你的人际关系。别把良心消耗在这么表面的事上，良心没这么廉价，如果真的在乎，用得到良心的地方多得是啊。"

3. 要用脑——话不一定要多，但要精

蔡康永认为，说话不一定要滔滔不绝，有时候，少说话或是不说话，也能达成良好的沟通效果，话说得少而精，也能给人留下深刻的印象。在一些特殊的场合，需要用脑子说话，才会营造良好的氛围。

他说："我对吵架有一些建议，其中一个建议是：不要否定对方存在的根本立场。不要攻击对方的人生立足点。"

例如，"丈夫轻信人言，拿钱投资不可靠的生意，一下就赔光了。妻子可以责备丈夫，叫丈夫头脑清醒一点，不要继续想抄捷径，但不要说：'男人做到你这个地步，根本是窝囊废。'"

如今，相貌并不是判断美不美的唯一标准。无论是在职场还是在生活中，一个只有"颜值"却没有"言值"的人，往往只能获得短暂的追捧，难以在各个领域中立足，而一个思想独到、言辞优美的人，却能得到他人的认可和尊敬。所以，要成为一个真正有魅力的人，一定要会说漂亮、有智慧的话。

人品要好：做个让人尊敬的人

人在一生中要过各种关，考试要过关，找工作要过关，约会要过关……其实，人品也要过关，而且它直接关系一个人在社会上的形象和声誉，会影响他的人际关系和事业发展。正如一句话所说："欣赏一个人，始于颜值，敬于才华，合于性格，久于良善，终于人品。”由此可见，人品有多重要。

什么是人品？人品，简而言之，就是一个人的品质、品德、道德修养等方面的综合评价。它是一个人内在的人格，也是一个人的内涵修养，不是人的外貌，更不是夸夸其谈的说辞。人品的好与不好，不是靠自己吹嘘出来的，是众人心里的一杆秤。

好的人品，是一个人的品牌形象，更是其一生的名片。爱默生说：“审美是心灵的镜子，品格是美的根基。”想象一下，你遇到了一个外表非常漂亮的人，但是当你和他交谈时，却发现他的言谈举止十分粗鲁。这种情况下，你会觉得他的外貌美丽吗？大部分人的答案都是否定的。的确，一个人品不佳的人可能会被他人厌恶。他们可能撒谎、欺骗、自私和刻薄，可能对他人的需求漠不关心，只关心自己的利益。这样的人往往会遭受孤立和排斥，因为没有人愿意与他们建立亲密的关系。与此相反，好的品德可以让一个人变得更美，且更容易赢得他人的尊重与喜爱。

鉴别一个人人品的好坏，究竟要看什么？答案有很多，但归根结底都与其对原则和底线的坚守有关，正如一句话所说：“穷视其所不为，贫视其所不取。”意思是看一个人的品行，要看他贫穷不得志的时候，坚持不做什么，坚持不要什么。由此可见，底线是人品的底色。

意大利著名作家卡尔维诺曾说，一旦你放弃了某种你原以为是根本的东西，你就会发现你还可以放弃其他东西，以后又有许多其他东西可以放弃。底线一旦被突破一次，就很难再有底线了。突破底线，就是堕落的开始。因此，有些时候，稍一失足，便是人生的深渊。守住底线，其实就是守住了人品的底色。

2022 年 8 月 3 日，新东方教育科技集团董事长俞敏洪在亚布力中国企业家论坛天津峰会上做了一场演讲。其中有一句话道出了他 60 岁逆风翻盘的秘密，他说："做人也好，做事也好，一定要保持底线价值的思维。"

这句话怎么理解呢?

他解释说："你千万不要做坑蒙拐骗的事情，不要做欺瞒老百姓的事情，不要做有失诚信的事情，更不要做毒害老百姓的事情。这样，即使你遇到困难，最后翻盘的时候，你也是有基础的。如果你原来做过坏事，或者你的企业原来是无价值底线的，吃了各种各样的坑蒙拐骗的利益，等到你再想要重新发展的时候，老百姓把你的旧账翻出来，你就很可能没有任何翻盘的机会了。"

人可以犯错误，但不能做亏心事。人活一辈子，人品才是最好的底牌，才是屹立不倒的靠山。人品好的人，信守承诺，说到做到，办事公道本分，能赢得他人的尊敬，会有更多人愿意相信他们，愿意与他们深交，给他们机会。长此以往，他们的人脉之树会日益枝繁叶茂，事业也会越来越兴旺。

不可否认，俞敏洪靠人品制胜。特别是在新东方教育科技集团旗下的"东方甄选"爆火之后，有些自媒体搜集了俞敏洪过去 30 年间在公开场合的讲话视频，并将它们全部放到了网上，网友看过后都说，只是偶尔会听他说几句粗话，看不出有什么问题。即便有人想黑他，也找不到黑点，反倒是对他了解越多越喜欢。

在过去的 30 多年里，俞敏洪一直坚守自己的底线价值观，虽然在这个过程中也犯过一些错误，但是从不做亏心事，诚如他所言，一个人可以犯错误，这是见识和能力问题，但做亏心事不行，那是心思坏了。能力不足可以补，心坏却难治。

如今，很多人都借助互联网、自媒体、短视频来打造个人 IP，希望自己火一把，从而实现流量变现。但是，真正能火起来的又有多少人呢？有的人一旦小有名气，上个热搜，就开始自我膨胀，不是炫富、攀比，就是发表一些奇谈怪论，或者售卖一些假冒伪劣产品，结果很快就出事了。为什么？因为他打破了底线，人品底色不足。

有的人一夜之间火起来，会有不少人去“挖”他的过去，在什么学校读过书，做过什么工作，参与过哪些项目，有什么样的背景……只要这个人在某方面稍微有些瑕疵，都会被百倍、千倍地放大。所以说，人品相当重要，人品有问题，早晚会“翻车”。

歌德说：“无论你出身高贵或者低贱，都无关宏旨，但你必须有做人之道。”从这个角度上看，一个人真正的资本，不是出身，也不是美貌，更不是钱财，而是人品。外貌是一时的，人品是一世的。所以，如果想让自己活得漂亮，就请你好好修炼你的品德吧！它是做人的底色，是生而为人的必要条件。

品位要足：追求高雅，远离庸俗

品位是一种细腻而独特的能力，它定义了一个人对美的敏感程度和对生活的态度。在如今多元化且快速变化的社会中，品位显得尤为重要。

那什么是品位呢？品位是指个人在审美和品质上的判断和追求。简单来说，是指一个人的品质、趣味、情操、修养等。

一个人对生活的感受和态度体现了他的品位，品位高的人生活精致优雅，品位低的人生活粗鲁低俗。我们说“这个人很有品位”，无非是说这个人很有档次，“这个人没有品位”，多数情况下是说他比较俗气。也可以说，品位是形象的展示，是人生价值的体现。

有品位，就会有不一样的眼界。当一个人有品位时，他在艺术、文化、时尚等领域也会表现出较高的鉴赏力和理解力，能够区分高质量和低质量的作品，并且倾向于追求高品质的东西。有品位的人在穿衣、听音乐、欣赏艺术、品尝美食等方面都能够表现出自己的独特审美和个性，同时又不失大众化和流行性。

一个没有品位的人，往往不懂审美，即便他富甲一方，也很难获得精神富足、有幸福感的人生。他们缺乏对美的感知和热爱，生活中自然也没有对品质的追求。这些是金钱无法弥补的人生缺陷。

当然，品位不是花钱能买来的，是长年累月在环境的熏陶下培养而成的。那该如何提升自己的品位呢？

1. 敢于尝试新的事物

不要害怕走出自己的舒适区，接触一些不同的艺术形式和风格。参观艺术展览，看看不同的设计作品，甚至是尝试自己动手创作一些东西。只有不断地尝试和学习，我们才能够发现自己真正喜欢的东西，并且培养出独特的品位。

卡尔·拉格斐是年轻人心中的时尚偶像。这位德国设计师以其独特的风格和创意闻名于世。卡尔·拉格斐的品位之所以独特，是因为他敢于打破传统的束缚，勇于尝试新的风格和材料。他不拘一格地尝试创新，将艺术与时尚完美地结合在一起。他常常以其前卫的设计风格引领时尚潮流，为整个时尚界带来新的风貌。他的作品总是充满艺术感和前卫感，每一件都像是一件艺术品。

卡尔·拉格斐所创造的作品也展现了他对美和细节的极致追求。他注重每一个细节，从布料的选择到剪裁的精确，都经过反复推敲和调整，力求做到最好。他对材料的选择也非常有追求，时而选择奢华的丝绸和皮革，时而选择大胆的金属和塑料，将时尚与艺术融为一体。

正是因为卡尔·拉格斐敢于打破规则，勇于尝试，他的作品才能如此独特且令人惊叹。他敢于挑战传统，以前所未见的创意和独特的风格让人们眼前一亮。他的作品能够引领时尚潮流，让人们对时尚有了更加全新的认识。

2. 坚持自己的风格

一个人的品位是基于他个人的经历、兴趣和审美观点形成的，因此，每个人的品位都是独一无二的。不要因为别人的评价而改变自己，相信自己的直觉，坚持自己的品位。即便外界有各种流行趋势和潮流，也要保持自己的独立思考和品位，这可以使你在众多选择中找到最适合自己的东西。

贾斯汀·比伯作为一位年轻的流行音乐天王，他的品位一直备受争议。有人认为他的造型和行为过于另类，充满争议性；有人则认为他敢于突破传统，展现个人魅力。无论如何，比伯的独特品位正是因为他勇于做出与众不同的选择，并且坚持自己的风格而形成的。

作为一个追求个性和自由的年轻人，比伯经常在公众面前展示他那独特的个人风格。他不怕批评，不怕质疑，始终相信自己的直觉。比如，他的发型总是时刻引发各种话题。从年轻时的蓝色发色到各种样式的造型变化，他总是试图通过发型来表达自己内心深处的独特个性。虽然有人觉得这些发型另类且不符合传统审美，但正是这样的做法塑造了比伯独有的形象。

除了造型，比伯在舞台上的行为也备受争议。他敢于挑战传统的舞台演绎方式，经常尝试一些独特的舞蹈动作和互动方式。这些创新性的举措有时会被人质疑，认为他过于张扬和自我。然而，正是这样的大胆和突破常规，使他赢得了大量忠实的粉丝。

3. 有勇气做出不同的选择

追随潮流是群体心理的产物，往往会带来一种归属感。现代社会注重个人与群体之间的互动和认同，因此，跟随潮流似乎是一件自然而然的事情。然而，盲目追求时尚和流行也可能带来一些负面影响。比如，过度追求时尚和流行会剥夺个人独立思考的能力，让人变得缺乏独特性。再如，盲目追随潮流还可能导致个人失去自己真正的喜好和志向。这些情况下，个人很难找到真正适合自己的事业和生活方式，导致内在价值的浪费。

这并不是说我们要完全抵制潮流，而是要学会根据自己的喜好和个性进行选择。因为时尚和流行并不一定适合自己的风格和个性。只有根据自己的审美观念、身体特点和工作环境选择适合自己的东西，才能真正展现个人的品位与独特之处。

总之，品位是一种不可或缺的个人素质。无论是培养自己的审美能力，还是注重生活中的细节，我们都应该努力培养自己的品位。因为只有拥有品位的人才能真正享受到美丽的事物带来的快乐和满足感，才能在繁忙而快节奏的现代生活中找到心灵的归属。

气质要佳：可以不美，但要出彩

一个人如果只注重皮囊，那就太肤浅了！俗话说：“精致的皮囊千篇一律，有趣的灵魂万里挑一。”女人可以不漂亮，男人可以不帅气，但一定要有气质。生活中有很多长相普通的人，因为气质出众，而拔高了自身的形象，提升了自己的辨识度。

想想看，你是否曾经遇到过一个不那么起眼的人，但是一开口说话就让你心生敬佩？或者你是否曾经遇到过一个相貌平平的人，但是他们的自信和魅力却让你无法忘怀？这就是气质的魔力！气质是一种内在的力量，它不受外界因素的干扰，而是源自一个人的个性和修养。比如，有人往那一站，天然就有一种与众不同的优雅气质，散发着多种美交织在一起的强大气场。

气质是决定一个人美丑的关键，它甚至能在一定程度上改变别人的看法和评价。

在大多数人的印象中，模特需要漂亮的脸蛋、高挑的身形、完美的身材和修长的大腿。然而，并不是所有的模特都非常漂亮。

吕燕被称作“雀斑百合花”，是一位知名的国际超模。她是因为长相特殊而成为超模的吗？当然不是！她的长相一般，但就是很耐看，这种耐看来自她的气质。她给人的感觉很真实，从她的经历可以知道，一个人即使没有特别漂亮的容颜，也可以很美。

如果用一个词来形容她的气质，那就是“优雅”。无论是走在T台上还是走在大街上，吕燕总是能够展现出一种与众不同的优雅。她举手投足间透露出的自信和从容，让人不禁想要向她学习。她的穿着总是简洁而不失时尚感，让人觉得她是那种无论穿什么都能够成为时尚偶像的人。她的气质不仅体现在外表上，更体现在她对待他人的态度上。她总是彬彬有礼，从不摆架子，让人感到亲近而不拘束。

由此可见，最能影响一个人美丑的不是长相，而是气质。那气质从何而来？大多时候，是由我们的审美观塑造的。

一个懂得欣赏美的人通常会言谈得体，举止优雅。他们不仅在言辞中巧妙地运用美学原则，而且在日常礼仪中注重细节且谦和得体。这种修养显示出他们对美的敏感和对他人的尊重。

不可否认，每个人都有自己独特的审美标准和偏好，这些标准和偏好形成了我们的审美观。我们的审美观会渗透到我们日常生活中的方方面面，包括我们的言行、穿着等。这些细微的选择都透露出我们对美的理解和追求，并在潜移默化中塑造着我们的气质。所以说，气质并不是一朝一夕就能够培养出来的，它既需要一定的审美能力，也需要时间的积累。

那如何培养上佳的气质呢？在日常生活中要把握以下几个关键。

1. 多接受美感的熏陶

只有在一个具有美感的环境里生活，才能成为心灵高贵、举止优雅、浑身散发着美好气息的人。很难想象在一个毫无美感的环境中，能成长出举止、气度、谈吐不凡的人。现在，我们的生活水平虽然提高了，但是审美水平依然令人担忧。一个懂得审美的社会，才能够孕育出经典的文化、艺术的果实。

2. 进行积极的心理暗示

每天早上，站在镜子前，对着自己说：“嗨，帅哥（美女），今天又是了不起的一天！”这样的心理暗示会让你更自信、更积极向上，就像超级英雄穿上斗篷一样。通过不断地心理暗示，这种信号会在潜意识中逐渐影响你的内心，从而慢慢增强你的气场，让你不会因为紧张而面红耳赤，不会让他人对你的气质减分。

3. 保持良好的身体状态

有人可能会问："身体状态与气质有啥关系？"有很大关系！想象一下，你刚刚度过一个美好的假期，睡得很好，吃得很好，你的身体状态绝对是在巅峰状态。这时的你，一定充满了活力，笑容满面，而且会感觉到一种积极向上的能量。在他人看来，你是开朗、乐观的，甚至有点调皮。在你疲惫不堪时，你会表现出截然相反的状态，两种不同的状态，会让你呈现出两种不同的气质。

4. 多用眼神和他人交流

在一些公开场合，如果你被要求出来讲几句话，你会有怎样的表现？相信不少人会表现得有些慌乱，即便自己强作镇定，眼神还是会出卖自己。为什么？眼睛是心灵的窗户，你心里想什么，眼睛里就会折射出什么。

有气质的人，说话时眼神不会慌乱，也不会躲闪，你甚至会觉得他们目空一切，似乎不怎么在意别人的眼光。反之，你眼神迷离，或者左顾右盼，整个人的气场瞬间就没了。所以，在提升气质方面，一定要运用好自己的眼神。

正确的做法是，多用眼神与观众进行交流，不要盯着每个人的眼睛看，尽量将目光停留在人的鼻头到两眼之间的位置。如果对面坐的人比较多，可以先随意找一个人进行眼神交流，不要闪躲，然后再找第二个……当你盯着一个人看的时候，他会下意识地不好意思，为了回应你，他会点头或者微笑，这就是肯定的回应。沟通的目的在于表达思想，你都不看人家，怎么交流？换位思考，你和别人说话的时候，对方总是不看你，你会怎么想？

5. 声音要洪亮，口气要坚决

说话的内容重要，语气更重要。通常，声音比较高的人，更容易给人一种强势的感觉，而唯唯诺诺、声音极小的人，则多给人懦弱的感觉。这就是音量对个人气质的影响。除此之外就是口气。很多人觉得跟别人说话应该用商量的口气，这虽然显得有礼貌，但是在某些场合中缺少一些冲击力。

在私下接受采访时，曾创办锤子科技公司的罗永浩说自己是一个不善交际的人。但是，我们在看过他的一些演讲后会发现，他并不是一个不善交际的人，他的说话方式充满了一种犀利、干练的性格特质，这样的语气使得他的观众总是会被他的话语吸引，并产生共鸣。

例如，2017 年，他在一次演讲中说："我觉得一个人要么笑得像跟心爱的人在一起，要么笑得像一无所有。"这句话表达了他对于生活态度的坚定信念，并展示了他的直率和果断的性格。

有一次，他在某个会议上被问及一个关于手机的问题，他非常直接地回答说："我们的手机确实存在一些问题，但是我相信我们会尽力解决它们。"这句话展示了他的坦率和自信，同时也传达出他面对问题时不畏惧的态度。他总是以积极的心态面对挑战，并且乐于面对自己的不足，这种说话气质让人感到他是一个真诚、坚定和有魄力的人。

综上所述，从认知到心理，从言谈到举止，从形象到状态，都折射出一个人的审美与气质，而且审美又会在潜移默化中重塑一个人的气质。因此，在生活与工作中，要不断学习、观察和实践，提升自己的审美能力。

性格要好：欲养容，先养心

过去，由于科学技术的限制，人们往往只能通过肉眼观察来判断一个人的内在品质。当时的人们相信，一个人的相貌是由他的内心决定的。

后来，科学家们通过研究发现，一个人的外貌确实与内心有一定的关联，相貌可以反映出一个人的性格特点。例如，眼神可以透露出他的心理状态；面部轮廓可以反映出他的坚毅或者柔弱等。虽然这些特点的反映不是绝对的，却可以给我们一些线索，帮助我们更好地了解一个人。

今天的心理学也告诉我们：相貌和内心之间的关系是相互作用的。也就是说，一个人的相貌可以影响他的内心，而一个人的内心也可以影响他的相貌。当一个人对自己充满自信和积极的态度时，他的相貌可能会更加吸引人。

所以说，人在一定程度上是可以被貌相的，而且一个人的性格品质，或多或少会表现在脸上，体现在言谈举止中，这是藏也藏不住的。从这个意义上说，你的性格，决定了你的形象。性格好的人，光彩会由内在扩展到外貌，让人越看越觉得舒服。性格差的人，则会让人越看越觉得不舒服。

性格会让你变丑，也会让你变美。比如，心思单纯的人，总是比别人显得年轻；心地善良的人，总是比别人显得亲切可人；城府深的人，总是容易让人心生畏惧。这或许就是古人所说的“相由心生”。

如果一个人长相美丽，但没有一个好的性格，隔三岔五心情不好，愁眉苦脸，由于情绪的不同，同一个人在不同的情绪和心态里，他的面容也是不同的。一个是忧愁型，一个是乐观型。

当然了，“好的性格”没有固定的定义，简单来说，就是要让别人喜欢你。拿出一张纸，把身边10个朋友每个人身上你喜欢的性格写下来，然后变成自己所拥有的，这就是好的性格。

生活就像一面镜子，一个人的喜、怒、哀、乐会使你的面容发生改变。当然了，性格，一半是天生的，一半是养成的。所以，想要获得真正的美丽，一定要懂得如何塑造良好的性格。

1. 保持积极乐观的态度

就像一杯装满了阳光的果汁一样，积极的态度会让你散发出迷人的光芒。当生活向你扔来柠檬时，你要学会做柠檬汁，并且还要带着微笑享用。乐观的人往往更有勇气面对挑战和困难，更有动力去追求自己的目标和梦想。保持积极乐观的心态，是我们拥有好性格的基石。

2. 学会控制情绪

情绪是性格的重要组成部分。一个善于控制情绪的人，往往能处理好与他人的关系，表现出冷静、稳重和成熟的性格特点。在生活和工作中，我们常常会遇到各种各样的困扰和压力，但只有保持冷静的头脑，才能做出明智的决策和行动。

3. 学会待人接物

善待他人会让你散发出迷人的魅力。要尊重每个人的独特性，并且善于倾听别人的意见和故事。记住，美丽的性格不是通过挑剔他人的缺点，而是通过包容和理解他人来体现的。

4. 学会宽容

在与他人的交往中，不可避免地会出现意见和观念不同的情况，而一个好的性格能够宽容地接受他人的不同意见，并且与他人和谐相处。宽容是一种高尚的品质，它不仅能够帮助我们建立良好的人际关系，还能够培养自己良好的心态和宽广的胸怀。

5. 注重自我反省和成长

认真地反思自己的言行举止，找出自己的不足和需要改进的地方，这是成长的关键。通过不断学习和改进自己，我们能够成为更好的人，不断进步。同时，也要保持谦虚和谦让的态度，不自以为是，尊重他人的感受和意见，懂得体谅和关心他人。

你是什么样的人，就有什么样的容貌，有什么样的性格，就有什么样的人生。好看的面容，必有美丽的心灵支撑。所以，欲养容，先养心，要重视塑造积极向上的性格特质，培养良好的内在品质和人格魅力，这不但会让你留住美丽的容颜，还能让你赢得更多人的认可与尊重。

心地要善：心灵美才是高级的美

在被问及“你喜欢什么样的人”时，很多人会下意识地回答：

“我喜欢美女。”

“我喜欢帅哥。”

“我喜欢优秀的人。”

……

这些回答有错吗？没错。因为漂亮的女性、帅气的男性让人心旷神怡，他们似乎是一抹漂亮的风景。

但如果进一步问：“你喜欢与什么样的人一起生活？”还会有那么多人选“美女”“帅哥”吗？

在现实中，有很多人把生活过成了诗，他们的长相算不上出众，有的甚至有点丑，但是他们有一个共同的特点，那就是善良。

常言道：“善良是一种美德。”其实，善良也是一种美，就像一杯美味的咖啡一样，让人心生温暖和愉悦。今天，我们生活在一个充满各种各样的美的世界中，有美丽的风景、美味的食物、美妙的音乐等，但最高级的美不是这些外在的东西，而是内在的品质，那就是善良。

一个人即使有出众的相貌，有过人的智谋，一旦他的内心隐藏着邪恶，无论如何也不会赢得他人的喜欢。反之，如果一个人相貌平平，智力也很一般，但他时刻展现出自己的友善，也会有很多人欣赏他。

在《巴黎圣母院》中，卡西莫多被塑造成一个丑陋的形象。然而，尽管他外表丑陋，读者和观众却发现他比那位皇家卫队队长和副主教更加吸引人，甚至更美丽。这种反直觉的审美感受来源于他的善良。

卡西莫多的丑陋外表与他内心的美好特质形成了鲜明的对比。他在小说中是一个情感丰富、真挚善良的人物。他对爱斯梅拉达充满了深深的爱意，尽管她从未真正回应过，但他仍为了保护爱斯梅拉达而英勇奋斗。

读者和观众对卡西莫多的审美感受反映了人们内心对于真诚和善良的渴望。他的丑陋外表被他的内在美超越，这让人们重新思考了美的定义。

“善人者，人亦善之。”善良就像是一种魔法，它能够让人们变得更加美丽。想象一下，如果每个人都充满了善意，那么这个世界将会变成一个多么美好的地方！街上的人们会互相微笑和问候；商店里的售货员会热情地为你服务，而不是冷漠地对待；家人之间会更加亲密和谐，没有争吵和冷漠。这样的世界，不是更加美好吗？

在现实生活中，应如何培养善良的品行呢？

1. 心存善念

心存善念，意味着培养积极的心态和善良的情感。为此，我们要多关注自己的思维模式和言语，纠正消极的想法，避免恶意的谈论和批评，以保持心中的善良及善念。同时，要多将善良的意图转化为实际的行动。例如，可以通过主动帮助他人，尊重他人的权益和感受，以及关心需要帮助的群体来实践善行。当然了，也可以在日常生活中传递善意，比如，微笑、友好地问候、分享资源和鼓励他人等。

2. 有同理心

同理心是善良的基础，也是一种重要的人际交往能力，它能帮助我们理解他人的感受、需求和体验，并产生共鸣。具备同理心可以促进良好的人际关系、互助合作和共同成长。保持同理心需要一些技巧和实践。例如要学会倾听。当与他人交谈时，我们应该专注于对方的表达，而不是自顾自地思考自己的回答。再如，要能放下偏见和刻板印象。有时我们会因为自己的经验或观点而对他人产生偏见，这样会阻碍我们真正了解他们的内心世界。其次，要保持开放的心态。不断反思自己的偏见，才能建立真正的同理心。除此之外，要学会换位思考。与他人产生共鸣需要能够将自己置于对方的位置上思考，试着理解他人所面临的困境和挑战。

3. 多接纳与宽容

善良的人注重接纳和宽容他人的差异和缺点。我们都是不完美的，每个人都有自己的独特之处和生活经历。要接纳与宽容他人，须做到三点。首先，要接纳别人的思想和信仰，不能把自己的观点强加于人。同时，应该学会与不同背景的人进行对话和交流，互相学习并拓宽自己的视野。其次，要接纳和宽容别人的情感。每个人都有情绪起伏和情感需求，我们需要理解并尊重他人的情绪表达方式。有时候，他人可能因为某些原因表现得不够好或者情绪激动，对此，我们应该学会宽容并给予支持和理解。再次，要多自我反思。我们每个人都有可能因为自身的偏见或主观标准而对他人进行评判。这时，我们需要意识到自己的偏见并努力去克服，以更开放的心态去理解他人的观点和感受。

4. 积极传播正能量

善良之人会积极传播正能量，努力营造温暖和谐的环境。积极传播正能量可以通过多种渠道进行，如社交媒体、交流平台、公共演讲以及日常的人际交往等。积极传播正能量的方式有很多，比如，可以分享自己的成功经验和心得，鼓励他人追求自己的梦想和目标；向别人传达积极的思维方式，鼓励他人转变消极的态度，寻找问题的解决办法，以更加积极的态度面对困难和挑战；通过积极的行动，展示强大的心理韧性和抗压能力，并影响他人等。

除此之外，在现实生活中，也需要警惕一些不良的现象。例如，有些人为了自己的利益不择手段，甚至伤害他人，这种行为不仅违反了社会公德和法律底线，更失去了内心的善良。因此，我们需要时刻保持对善良的信念和追求，才能够真正体会到善良带来的美好和价值。

古人说："善为至宝，一生用之不尽；心作良田，百世耗之有余。"善良是一种美，一种力量，一种幸福的源泉，它不仅能够让我们的心灵得到净化和提升，也能够让我们的社会更加美好和谐。我们应该在日常生活中注重培养自己的善良品质，用实际行动传递爱和温暖，让善良成为我们生活中最美丽的一道风景线。

第五章
提升美商的八大途径

美商是一种重要的个人素养，它的提升不是一蹴而就的，需要不断地通过接触艺术、学习艺术知识、注重形象塑造、培养创造力、参与社交活动、学习时尚趋势等途径来提高。

多了解：掌握审美的基础知识

审美是一种主观的感受和评价，它涉及我们对美的理解和欣赏。然而，审美不是一种天生的能力，而是可以通过学习和培养来提高的。要想真正掌握审美的基础知识，我们需要了解审美的概念、美的本质、审美的历史发展、不同艺术形式的审美标准，以及艺术和设计的理论知识。

1. 审美的概念

审美是指对美的感受和评判，它涉及对艺术、自然和生活中美的元素的欣赏和理解，涉及个体对事物、人物、艺术作品和自然景观等的美学评价和价值判断。审美可以从多个角度进行解读。

首先，审美可以从主观的角度来看。每个人对美的认知和感知是不同的，因此审美具有个体差异性。个体的文化背景、经验、情感状态以及个人喜好都会影响他们对美的评价和欣赏。因此，审美的定义可以理解为个体在感知和认知美时所表达的主观意见和感受。

其次，审美可以从客观的角度来看。在客观层面上，审美概念可以与美的原则和规律相联系。美学理论中有一些基本的审美原则，例如，对称性、比例、色彩搭配等，这些原则可以帮助人们理解和分析美的构成要素。审美也可以与艺术和设计的创作过程相联系，例如，绘画、音乐、舞蹈、建筑等领域，艺术家和设计师常常运用审美原则来创作具有美感的作品。

另外，审美还可以与文化、社会和历史背景有关。不同文化对美的定义和价值观可能存在差异，甚至在同一文化中，美的概念也会随着时间的推移而改变。例如，在不同历史时期，艺术风格和审美趋势可能会发生变化，反映社会和文化环境的变迁。

总之，审美的定义和概念涉及个体的主观认知、客观原则和规律，以及社会文化背景等多个因素。它是人类独有的认知能力，通过审美体验和欣赏，人们能够更好地理解和感知美的存在和意义。

2. 美的本质

了解美的本质意味着深入探究美是如何产生和被感知的。美是一种主观体验，它不仅是对外界的感知，更是对内心情感的回应。了解美的本质需要从多个角度进行探索，包括艺术、哲学和心理学等领域。

在艺术领域，了解美的本质要求我们审视艺术作品的构成元素和艺术家的意图。从对色彩、线条、形状等艺术元素的理解，到对艺术家的情感表达和思想内涵的揭示，这些都是理解和体验美的重要途径。

此外，了解美的本质还包括探讨不同艺术形式的审美标准和审美观念，以及对美的各种表现形式进行鉴赏和评价。

哲学给了我们另一个视角来理解美的本质。美学、哲学关注美的本质及其价值，从理性和智慧的角度，探索美在我们认识世界和人类存在中的重要性和意义。通过对美学理论的学习和思考，我们可以更深入地理解美的概念和哲学根源，从而更好地欣赏和评价美的存在。

心理学将帮助我们了解美的本质在个体内部是如何产生影响的。通过心理学研究，我们可以认识到美对我们的心理健康和幸福感的重要性，同时也可以了解到美对于个体认知和情感发展的积极作用。

通过综合这些不同领域的研究和探索，我们可以逐渐揭示美的本质。了解美的本质不仅可以让我们更深入地欣赏和感受美，也可以帮助我们更好地表达自己并与他人分享美的体验。美的本质是多样的，每个人都可以通过自己的观察和体验去发现和理解它，并从中获得享受和满足。

3. 审美的历史发展

不同的时代和文化对美的理解和欣赏都存在差异，因此，了解审美的历史可以帮助我们更全面地掌握审美的基础知识。我们可以研究不同艺术流派的兴起和发展，了解它们的审美观念和艺术风格。同时，了解历史上的艺术家和他们的作品也有助于我们更好地理解和欣赏不同的艺术形式。

审美的历史发展涉及艺术、哲学、文化和社会等多个方面。审美概念最早可以追溯到古希腊时期，当时的哲学家和文化评论家开始意识到人们对美的认知和欣赏是一种普遍存在的心理现象。

在古代希腊，审美被视为人类理性的一部分，与道德和伦理紧密联系。苏格拉底认为美的本质是善良和真理的象征，而柏拉图则进一步发展了审美的概念，将其与理念世界联系起来，认为美是一种超越感官世界的永恒存在。

随着时间的推移，审美的概念在不同文化和历史时期发生了变化。文艺复兴时期，艺术家们开始将人类形象和自然景观塑造成更加真实的形式，追求艺术的再现性和表现力。而在18世纪的启蒙时代，审美被视为人类尊严和自由的象征，艺术的目的是教育和启发观众，使其具备批判性的思维能力。

到了18世纪后期，浪漫主义运动兴起，审美的概念开始与个人情感和内心体验相联系。艺术家们追求表现自己独特的情感和想法，鼓励观众与作品进行情感上的共鸣。同时，这个时期也见证了艺术多元化发展后的印象主义和立体派等，每一种艺术风格都试图通过独特的表现形式来表达不同的审美观点。

20世纪以来，审美研究逐渐拓展到其他形式的艺术，如电影、音乐、建筑和设计等。随着科技的进步和全球化的发展，跨文化的审美交流变得更加普遍，人们对于美的理解也日益多元化。

研究审美的历史发展涉及对美的认知、价值观和观念的探索。每个历史时期都为审美的研究提供了不同的视角和理论基础，丰富着我们对于美的理解和欣赏。

4. 不同艺术形式的审美标准

审美的基础知识还包括掌握不同艺术形式的审美标准。不同的艺术形式，如绘画、音乐、舞蹈等，都有其独特的审美规律和标准。

对于绘画艺术来说，审美标准可能涉及色彩运用的和谐、构图的准确性、画面的表现力等。人们可能会注重画作中的色彩运用是否呈现出一种和谐的美感，以及画家是否能够通过巧妙的构图和精准的表现力来传达特定的情感和思想。

音乐领域的审美标准可能包括旋律的美感、和声的协调性、乐曲的结构等。人们对于音乐的欣赏往往会受到旋律的动听程度、和声的协调性以及乐曲结构的合理性等影响。

舞蹈艺术的审美标准可能涉及舞者的技巧、舞蹈动作的优雅和舞台表现力等方面。人们可能会对舞者的舞蹈技巧和动作的优雅程度给予高度的关注，同时也注重舞者在舞台上的表现力和舞蹈作品所传达的思想和情感。

戏剧艺术的审美标准可能涉及演员的表演技巧、剧本的深度和舞台设计的吸引力等方面。人们对一部戏剧作品的欣赏可能会受到演员们演技的影响，同时也会评价舞台设计是否能够吸引观众的眼球并增强剧情的表现力。

了解不同艺术形式的审美标准，意味着可以领略不同艺术领域中人们对美的不同理解和欣赏方式，从而使我们能够更全面、更深入地理解和欣赏各种艺术形式。

5. 艺术和设计的理论知识

要掌握审美的基础知识，还需要学习艺术和设计的理论知识。这意味着对不同艺术形式和设计风格的背后原理要有一定的了解和掌握。这包括但不限于艺术史、设计史、美学、色彩理论、造型原则等方面的知识。

从艺术史的角度来看，了解艺术和设计的理论知识需要研究不同艺术时期的流派、艺术家和他们的作品，以及它们在历史和文化背景下的重要性和影响。这可以帮助我们理解艺术和设计作品的发展趋势和演变过程，从而更好地欣赏和评价它们。

在美学方面，了解艺术和设计的理论知识可以帮助我们探索美的本质和美的价值。学习美学可以让我们对审美经验有更深入的理解，从而更好地感受和欣赏艺术和设计作品所传达的情感和意义。

色彩理论和造型原则是设计中的关键元素，它们涉及颜色和形状的选择、组合和运用。了解这些理论知识可以帮助我们在设计中更好地运用色彩和形状，创造出更具吸引力和更能有效传达信息的作品。

另外，了解艺术和设计的理论知识还涉及艺术和设计与社会文化背景的关系。艺术和设计作品往往反映着时代和社会的价值观和思潮。通过了解艺术和设计作品所处的社会背景，我们可以更好地理解其意义和影响，并从中获得更多的启发和思考。

综上所述，通过学习和掌握审美的基础知识，不仅可以增加我们对艺术创作的理解，提升我们的审美能力和设计能力，这可以使我们在艺术和设计领域有更深、更广的思考。

多观察：关注日常生活中的美学现象

美学是一门研究审美和艺术的学科，涵盖了美的概念、美的特征以及美的体验。美学不仅存在于艺术作品中，也贯穿于我们日常生活的方方面面。观察日常生活中的美学现象，不仅可以增强我们的审美能力，还能帮助我们更好地理解和欣赏生活中的细节。

那么如何观察日常生活中的美学现象呢？可以从以下几个方面入手。

1. 培养细致入微的观察力

观察是触发美学体验的第一步。要观察日常生活中的美学现象，我们需要培养细致入微的观察力。这意味着我们要学会关注细节，留意身边的事物和场景。例如，我们可以观察一朵花的细腻纹理、色彩和形状，或者关注一杯咖啡的温度、香气和泡沫。通过细致入微的观察，我们可以发现蕴含在平凡事物中的美。

2. 理解美的原则和特征

美学研究的一个重要方面是探索美的原则和特征。在观察日常生活中的美学现象时，可以运用这些原则和特征来识别和分析美。例如，我们可以运用对称性原则观察一幅画作或者一座建筑的布局是否对称；可以运用色彩对比原则观察一幅插画或者一件时尚配饰的色彩搭配是否和谐。通过理解美的原则和特征，我们可以更好地欣赏和评价日常生活中的美学现象。

3. 关注环境和空间美学

环境和空间美学是我们日常生活中不可忽视的一部分。可以观察和欣赏不同环境和空间中的美学元素，如公园中的景观设计、家居中的摆设布局、城市街道中的建筑风格等。通过关注环境和空间美学，可以提升我们对生活环境的满意度，并从中获得美的享受。

4. 品味艺术和文化

观察日常生活中的艺术和文化现象，可以帮助我们更好地理解和欣赏艺术品和文化活动。我们可以观察一幅画作的绘画技巧和主题，或者品味一场音乐会的演奏风格和音乐元素。通过品味艺术和文化，我们可以拓宽自己的审美视野，并丰富自己的文化素养。

5. 记录和分享美的体验

观察日常生活中的美学现象是一种愉悦的体验，我们可以通过记录和分享来延续这种体验。我们可以用相机记录美的瞬间，用笔记本记录美的感悟，或者用社交媒体分享美的发现。通过记录和分享美的体验，可以加深我们对美的理解和感受，并与他人共享这种美的喜悦。

6. 培养批判性思维

观察日常生活中的美学现象也需要我们培养批判性思维。换句话说，我们必须学会思考和评价我们所看到的美。这意味着我们不仅要意识到美的存在，还要思考美存在的原因和意义。我们可以提出问题，例如，为什么我们觉得某个事物是美的？它是如何影响我们的情感和体验的？通过探索这些问题，我们可以更深入地理解美学现象，并发展自己对美的独特见解。

无论是在花园中的花朵，还是在艺术馆中的绘画作品，美都存在于我们的日常生活中。通过观察和欣赏日常生活中的美学现象，我们可以提升自己的审美能力，增添生活的乐趣，并更加热爱和珍惜这个美丽的世界。

当然，通过观察日常生活中的美来提升自己的美商，不是一蹴而就的事情，它是一个长期的过程，需要日积月累。也就是说，你“见过多少美的东西”，与你“见过多么美的东西”，是两码事，它们之间是“量”和“质”的关系。概括起来就是：要有足够的“量”，才能有“质”的提升。

1. 保证足够的“量”

只有不断感受美，才能加深对美的理解，培养出好的审美感觉。要保证足够的量，没有他法，只有多看。未曾离开过井底的青蛙对天空的认识取决于井口的形状，圆形井里的青蛙绝不会同意方形井里青蛙对天空的描述，反之亦然，因为它们只见识过一种形状的天空。如果有朝一日，它跳出井口，它们的认知与三观都会被刷新。

见多自然就识广，既读万卷书又走万里路，见识与眼光自然非同一般。多阅读，多游历，多看美的作品，多看美的东西，慢慢地丰富自己“美”的阅历。虽然这些阅历不能即时量化可见，但它是一个人素质修养的重要部分，能使人在言语间不知不觉地散发气质魅力。

当然，在这个过程中，常会出现“看不懂”的情况。不要紧，学陶渊明的“好读书，不求甚解”，随便翻翻，开卷有益。所谓的“看懂”，固然要具备一定的专业知识，但是如果你不打算深入研究，也就不需要成为专家。重要的是，能用自己的知识结构与感受力去判断，去感受，并形成自己的认知。

2. 注重观察的“质”

之所以要多观察，无非是为了通过更多的现象看到本质，或是从根本上提升自己的审美能力。面对同样一件艺术作品，一个美学大师，和一个从未受过审美训练的人，他们看到的东西是不一样的。这就像一个生活阅历丰富的人，比一个初入社会的年轻人，更能看清社会上的善恶美丑一样。更何况，美还有高雅与媚俗之分。

所以，要多观察生活中的美学现象，用更多的美和高雅滋养我们的心灵，丰满我们的心灵，并将它们融进骨子里。如果把我们大脑比作一个仓库，要让它尽可能多地装一些好的、美的、高雅的东西，少装或不装次的、差的、丑的东西。这样，通过不断提升自己的审美情趣与能力，我们才能够辨别高低，判断真伪，才能将混杂在媚俗中的“美”摘出来。

多思考：思考不同艺术作品背后的情感和意义

在人类的历史上，艺术一直是表达情感和传递意义的重要媒介。无论是绘画、音乐、文学还是戏剧，每一种艺术形式都有其独特的方式来触动人们的情感和引发深思。每一件作品都是艺术家与观众之间情感的桥梁。正是这些艺术作品背后的情感和意义，让我们能够超脱现实的束缚，领略不同的世界，感受不同的情感。

在生活中，常见的艺术作品主要有以下几类。

1. 绘画作品

它向观众展示了艺术家的内心世界和情感状态。当你欣赏一幅绘画时，艺术家的笔触、颜色和构图都会带给你一种强烈的感受。比如，凡·高的《星月夜》中，他以夸张的形式表达了他内心的孤独和对自然的狂热追求。这幅作品通过绚丽的色彩和旋转的星空，让观众感受到艺术家强烈的情感和对生活的渴望。

2. 音乐作品

它是一种无须语言即可传达情感的艺术形式。音乐有着独特的魔力，能够触动人心，唤起不同的情感。贝多芬的《第九交响曲》是音乐史上最著名的作品之一，其中的欢乐颂以其悦耳的合唱，将人们带入一个共通的世界，传达出对和平与幸福的渴望，抒发着艺术家内心的情感。

3. 文学作品

通过文字的运用，作家能够深刻地描绘人物的内心世界，表达出情感的复杂与深刻。例如，莎士比亚的悲剧《哈姆雷特》中，通过哈姆雷特与父亲亡魂的对话和良心的挣扎，让读者深思人生的意义、权力的腐化和生死的边界，引导我们思考存在的意义以及个体在人生路上的抉择。

4. 舞蹈作品

舞台作品通过舞者的身体语言和动作表达情感和意义。舞者通过优雅的舞姿和独特的编舞方式，将观众带入一个虚幻的世界。观众在欣赏作品时，可以感受到舞者们通过舞蹈展现出的情感和表达出的意义，思考人生的奥秘。

在这些艺术作品中，创作者会把自己的情感、思想和体验融入作品，从而表现出人性、历史、文化和社会问题等多个方面的主题。多思考不同的艺术作品背后蕴含着的丰富情感、意义和价值，有助于我们拓宽思维的边界，感受多样的情感表达，从而更加深入地理解艺术，提升审美能力。

所以，不论是什么艺术作品，我们都应该从多个角度去思考、探讨其背后的意义与审美价值。我们可以从以下几个角度分析。

1. 情感的表达

艺术作品最基本的功能之一就是表达情感。情感是指人类所经历的一系列强烈的主观体验，如快乐、悲伤、愤怒、恐惧、爱恨等。艺术家通过自己的创作，表达出自己的情感和感受，并将这些情感传递给观众。例如，爱德华·蒙克的绘画作品《呐喊》表现了一种极度痛苦和恐惧的情感，观众可以从画面中感受到这种情感，并产生共鸣。同样，音乐也可以表达出各种情感，如贝多芬的《第九交响曲》中的合唱部分表现出的欢乐和乐观的情感。

2. 人性的探索

艺术作品可以探索人性、身份和社交关系等议题。这些议题通常涉及人类的内心世界、价值观和个人决策等方面。艺术家通过自己的创作，可以探索和表达这些议题，并将自己的理解和体验传递给观众。例如，电影《房间》讲述了一个被迫生活在一个房间内长达七年时间的年轻女子与自己年幼儿子之间的互动和成长故事。这部电影探索了人性的多个方面，如自我认同、自由和亲情等。

3. 传递信息

艺术作品可以传递各种信息、知识和观点，如历史事件、科学技术、社会现象等。这些信息可以通过艺术作品的形式进行呈现和传达，从而让观众更好地理解和认识这个世界。例如，电影《辛德勒的名单》通过一个真实的历史事件，呈现了第二次世界大战期间犹太人遭受的种族灭绝悲剧，这个电影让观众更加深刻地认识到历史上的这个事件，并引起人们对人权和正义的关注。

4. 创造美感和愉悦

艺术作品可以创造美感和愉悦，通过形式、色彩、线条、音乐等元素，激发观众的感官和情感体验。艺术家可以通过自己的创作，创造出一种独特的审美体验，让观众感受到美和愉悦。例如，建筑师弗兰克·盖里的建筑作品华特·迪士尼音乐厅，通过其独特的造型和线条创造出一种充满美感和震撼的审美体验。

5. 纪念价值

有些艺术作品是为了纪念特殊事件和人物的。纪念碑、肖像画等作品通常是为了纪念历史事件、人物或文化传统而创作的，通过这些作品，我们可以回顾历史、传承文化并弘扬价值观。

总之，不同艺术作品背后的情感和意义是非常丰富和多样的。在欣赏艺术作品的过程中，我们应该多思考作品背后的情感和意义，这不但能让我们看到和体验艺术的美妙之处，而且能帮助我们更好地认识这个世界。

多实践：尝试自己创作艺术作品

审美是一个非常主观的概念，每个人都有自己独特的品位和喜好。但是，我们可以通过一些有趣的艺术创作来培养和提升审美眼光。艺术创作作为一种独特的表达方式，给予人们更多的机会来提升自己的审美观。通过艺术创作，我们能够发掘美的源泉，并逐渐培养我们对美的敏感程度。

想象一下，当你亲手创作一幅画作或者写一首诗歌时，你会更加关注细节，思考颜色和形状的搭配，以及诗句的押韵和节奏。这种创作过程会让我们更加深入地理解艺术的本质，从而提升我们的审美能力。

不可否认，艺术创作可以使我们从日常生活的琐事中抽离出来，将我们带入一个全新的境界。当我们参与艺术创作时，无论是绘画、摄影、音乐还是舞蹈，我们自身的情感和创造力都会被全面释放，让我们能够更深入地思考和感受美。通过创作，我们能够培养自己的观察力，发现世界的微小之处，从而提升我们的审美能力。

在艺术创作过程中，为了尽快提升审美水平，要做好以下几点。

1. 多参与各种艺术活动

参与艺术活动可以让我们亲身体验艺术的魅力。比如，参加绘画班或者音乐培训课程，我们可以学习专业的技巧和知识，进一步提升自己的艺术水平。再如，参加艺术展览、音乐会、话剧演出等。这些活动不仅能够让我们与艺术家们面对面交流，还能够深入了解他们的创作背后的想法和灵感。同时，通过观看他人的艺术展示，我们可以培养自己的观察评价水平。而且，参与艺术创作也是提升审美的一种重要方式，可以尝试自己写作、绘画、音乐创作等，通过实践和反思，提升对美的敏感度和判断力。

2. 把握创作细节

艺术创作中，有一点非常重要，就是多在细节中感受美、体现美。无论是绘画、雕塑，还是音乐、文学、视频等艺术形式，在创作过程中，通过细节来表达情感和意义，更能展现其中的美。

举例来说，绘画作品中的色彩搭配是一个非常重要的细节。不同的色彩搭配会给人带来不同的感受。鲜艳的色彩可以引起人们的注意，给人一种活力和快乐的感觉；柔和的色彩则能营造出温馨和宁静的氛围。线条构图也是一个关键的细节，它能够决定作品的整体结构和形象的流动性。合理的线条构图可以引导观众的目光，带来艺术的魅力。光影效果也是一个重要的细节，它影响着作品的层次感和立体感。通过巧妙运用光影效果，艺术家可以创造出戏剧性的效果，增强作品的艺术表现力。

除了绘画，其他艺术形式也需要注重细节的表达。在音乐中，每一个音符、每一个音阶都有其独特的美感。音乐家通过精确的演奏技巧和情感的投入，将这些音符和音阶串联起来，演绎出美妙的音乐作品。作家通过选择恰当的词语和细腻的描写，将读者带入故事情节中，感受其中的美。

在视频创作中，每一个画面的构图、色彩的运用、镜头的选择都能够给观众带来美的感受。通过细致的剪辑和精巧的配乐，视频创作者能够将不同的镜头和画面联系起来，创造出富有情感和张力的作品。

通过这些细节，我们能够更好地表达自己的创作意图，展现美的元素，并提升对美的感知能力。因为美是由无数微小的元素组成，而把这些微小元素拼接在一起，才能创作出令人心驰神往的作品。所以，通过对艺术创作的细节的把握与理解，可以提高我们对美的敏感度。

3. 尝试新的艺术形式和风格

艺术创作是一种源自内心灵感的表达方式，它既承载着个人情感和创作者的独特理念，又随着时代的变迁而不断演化和改变。在这个多元化的世界中，艺术家们不断探索和尝试新的创作风格，为观众呈现更加多样化和有趣的艺术作品。

在艺术创作中，尝试新的风格有诸多好处。

首先，它可以带来新的灵感，激发创造力。艺术创作是一种对自我的发现和表达，通过尝试新风格，我们可以不断挑战自己，探索未知的艺术领域。这种冒险和探索的过程让他们获得成就感和满足感，提升自我价值和自信心。

其次，尝试新风格可以为观众带来新的视觉冲击和观赏体验。艺术作品的魅力之一在于其独特的表现形式和风格，我们通过尝试创新的风格，将带给观众全新的感受和思考。例如，一些艺术家以抽象表现主义的形式来表达内心感受，这种非传统的风格往往能够激发观众的联想和想象力，在观赏时也有助于推动艺术的发展和创新。

艺术世界是无边界的，每个人都有自己独特的审美观。所以，不要害怕尝试新的艺术形式和风格，也不要害怕表达自己的观点和感受。每一个观点都有其独特之处，都值得我们思考和欣赏。只有保持开放和好奇的心态，才能真正领略到艺术的魅力，提升自己的审美能力。

4. 注重情感的表达

在创作中，要学会恰当地表达内心的情感和体验，或许是对生活的热爱、对爱情的思念，或是对孤独、挣扎的苦恼。无论是喜悦还是痛苦，都可以通过文字、音乐或绘画将我们个体的内在世界与外在世界相结合，与他人进行情感的沟通和共鸣。从这个意义上说，创作不仅是一种表达，更是一种与他人分享情感的方式，让我们的内心世界与外界产生美好的连接。

特别是当我们能够创作出那些引起他人共鸣的作品时，我们会更加深刻地意识到美的力量和影响。那份与作品共鸣的感受，能够让我们与他人产生一种微妙的联系。

而当我们看到别人对作品的反映和评论时，我们也能够从中学习和借鉴，进一步提升自己的审美水平。作品是我们内心情感的抒发，是我们思考、体验的结果，而观众的反馈和评价则是外界对我们内心世界的认可和评判。或许有些人能够完全理解我们创作的初衷，而有些人则可能有更独特的解读。这都是我们创作过程中宝贵的反馈，能够让我们思考和进一步完善自己的作品。通过学习和借鉴他人的反馈和评论，我们可以拓宽自己的视野，进一步提升自己的审美水平。

5. 学会交流和分享

这也是提升审美的必备手段。可以与朋友、家人、同事等讨论自己观看的电影、听到的音乐，或者是阅读的文学作品。通过分享彼此的观点和感受，我们可以从多方位的反馈中汲取灵感和见解，不断丰富自己的审美经验。同时，与他人的交流时还能够借鉴他们的观点和见解，拓宽自己的思路，促进个人审美能力的提升。

总之，艺术创作能够促使我们更加细致地观察和欣赏周围的人和事，通过艺术的眼光，我们能够发现日常生活中隐藏的美和独特之处。透过绘画的笔触、音乐的旋律、摄影的镜头，我们能够更加敏锐地捕捉光影、色彩和形态，并将其融入自己的审美体验中。这种细致观察的能力，能够使我们更加真实地感知和理解世界，从而提升我们对美的鉴赏力和欣赏能力。

多交流：与人分享自己的审美观点

无论是美食、电影、音乐还是其他，人们总是有一种内在的需求，即与他人分享自己的审美观点。这种需求不仅源自我们对美的感受，也与我们作为社交动物的天性有着密切的联系。

特别是在这个自媒体盛行的时代，人们越来越注重自己的形象及审美观点的展示。当我们将自己喜爱的事物与他人分享时，不仅可以表达自己的情感和喜好，也能够吸引与我们有着相似兴趣爱好的人。同时，还能够获得更多的理解和接纳。除此之外，与人分享自己的审美观点还能激发创造力和引发思维的碰撞。

在具体的分享过程中，要注意这么几点。

1. 选择合适的时机和场合

分享自己的兴趣和观点是人类社会中常见的一种行为。然而，选择合适的时机和场合来分享审美观点是非常重要的。

当你沉浸在氛围中时，很自然地希望和他人分享某种心情。但是，聪明的人会知道，并非所有的场合都适合展现自己的兴趣。以商务会议为例，这是一个正式的场合，人们的注意力集中在商业目标、市场趋势和公司策略上。如果你突然谈论自己对卡通形象的痴迷，无疑会让与会者感到困惑和不耐烦。这可能会让你的形象受损，被视为不专业或不成熟的表现。

相反，你可以选择在和朋友们聚会的时候，或者在艺术展览中分享你的观点。朋友聚会通常是一个轻松、自由的环境，大家可以分享彼此感兴趣的话题，这时候的你可以毫无顾虑地与他们讨论你对卡通形象的喜爱。艺术展览是一个聚集了兴趣相同的人群的地方，那里的人更可能理解和欣赏你对卡通形象的热情。

总之，选择合适的时机与场合分享审美观点，会让你有足够的空间来表达自己，而且更容易引起他人的兴致。当然了，你也不必担心被误解或嘲笑。

2. 倾听他人的观点

每个人都有自己独特的审美观点和见解，就像每个人都有自己独特的指纹一样。或许有些人的审美观点和见解与你完全不一样，但这并不代表他们就错了。这些观点可能因为个人经历、文化背景以及受教育程度等各种因素而多种多样。比如，一个生活在城市的人可能对现代艺术更感兴趣，而一个生活在乡村的人可能对传统艺术更感兴趣。这并不是说其中一个人的审美观点就比另一个人更好或更正确，只是因为他们的经历和背景不同而已。所以，我们需要保持谦逊和开放的心态去倾听和理解他人的观点。如果我们每个人都有同样的审美观点和见解，那这个世界将会多么无趣。就像一盘只有一种味道的食物，没有了多样性和变化，生活将会变得多么单调乏味。

3. 尊重他人的观点

每个人都有自己独特的品位和喜好，这是我们作为独立个体的魅力所在。有些人喜欢吃辣的食物，有些人喜欢看恐怖电影，还有些人喜欢穿花哨的衣服。无论是什么，我们都应该尊重他人的审美观点，就像我们希望别人尊重我们一样。

有时候，我们可能会遇到一些与我们完全不同的观点。比如，有人认为酸奶配炸鸡是绝佳的搭配，而另一些人则觉得这简直是地狱组合。有人热爱听古典音乐，而有人则痴迷于重金属摇滚。这些差异正是世界的美妙之处。

记住，你并不是世界的审美警察。在有关审美问题上，永远不要去和别人争论。每个人都有权利喜欢或不喜欢某种艺术形式，而我们应该尊重这种多样性。尊重他人的审美观点不仅是一种礼貌，更是一种保持世界多样性和创造力的方式。

对于那些与自己完全不同的观点，可以选择接受或者忽略。但是，如果能够保持开放的心态，尝试理解他人的观点，我们可能会发现一些意想不到的乐趣。

4. 清晰地表达自己的观点

在与人分享自己的审美观点时，清晰地表达自己的想法是至关重要的。我们可以通过以下几个方面实现清晰的表达。

首先，选择合适的语言和词汇。使用简洁明了的语言和词汇来表达自己的观点，避免使用模糊或抽象的词汇，以免引起误解。

其次，采用结构化的思维。在表达自己的观点时，可以采用结构化的思维方式，将自己的想法按照逻辑顺序组织起来，使得对方能够更好地理解你的思路。

最后，引用具体的例子和证据。通过引用具体的例子和证据支持自己的观点，可以使得对方更容易接受你的观点，并与你进行更深入的讨论。

5. 积极参与讨论和交流

有人可能会问："为什么要与他人分享我们的审美观点？"很简单，这是一种表达自己的方式。有时候，我们看到一幅画或者听到一首歌，内心会有一种强烈的冲动，想要告诉别人我们的感受。这就是分享审美观点和见解的契机，即可以用自己独特的方式来表达自己对艺术作品的理解和感受。

在与他人交流和讨论的过程中，我们可以从中获得新的启发和理解。比如，你可能对一个作品有一种固定的看法，但是当你和他人交流时，对方可能会给你带来一些新的观点和见解，让我们重新审视这个作品。

在交流与讨论时，要注意两点。

首先，要能提出自己的问题和疑惑。当我们对一个作品的某些细节感到困惑时，可以向他人请教，听听他们的看法。也许他们会给我们一些新的解释，让我们对作品有更深入的理解。

其次，还可以与他人进行深入的探讨。有时候，我们可能对一个艺术流派或者一个艺术家的作品感兴趣，这时候我们可以和他人一起研究这个艺术流派或者艺术家的作品，探讨其中的细节和特点。

6. 用轻松的方式分享你的观点

人们总是更愿意聆听有趣的事情，所以，如果你能用幽默的方式来表达自己的观点，那么你就能够吸引更多的注意力。举个例子，如果你喜欢一部电影，你可以分享一些有趣的片段或者台词，让人们感受到你的热情。

分享自己的审美观点并不仅仅是一种单向的行为，还是一个交流的过程。与他人互动，听取他们的观点，并且尝试理解他们的想法。这样，你就能够建立起一个良好的对话，从而更好地分享你的见解。

7. 保持开放的心态和学习的态度

审美观点和见解就像我们的味蕾一样，会受到个人经验和背景的影响。比如，你是一个音乐爱好者，你可能会对某种类型的音乐有特别的偏好；如果你是一个艺术家，你可能会对某种风格的绘画更感兴趣；如果你是一个电影迷，你可能会对某种类型的电影更感兴趣。所以，每个人的审美观点和见解都是独一无二的，没有什么是绝对正确或错误的。所以，在与人分享自己的审美观点的过程中，一定要保持开放的心态，这是建立良好沟通和相互理解的关键。

保持开放的心态并不意味着我们要放弃自己的观点。我们可以保持自己的独立思考和坚定的立场，同时学会尊重他人的不同。通过对话和辩论，我们可以更好地理解他人的观点，并就某些问题达成共识。这样的相互尊重将有助于创造一个开放、多元和包容的交流氛围。

通过分享，我们可以共同探索和发现美的世界，让我们的生活更加有趣、丰富和有意义。因此，不要犹豫，勇敢地与他人分享你的审美观点吧！

多学习：坚持对美的事物的追求

学习是人类终生的事业，从我们踏入学校的那一刻起，就开始了对知识的渴望和探索。然而，在快节奏的工作和生活中，我们会忽略学习的重要性。要知道，学习不仅可以增长知识，而且可以帮助我们更好地发现美、欣赏美。

想象一下，如果你不了解绘画的基础知识，欣赏一幅画，你可能只是觉得它好看，而无法真正理解其中的艺术价值。如果你花一些时间学习绘画技巧和艺术理论，便有机会真正领会它的美之所在。

对美的追求，并非仅仅是一种感官上的享受，更是一种精神层面的追求，而且它能够激发我们的潜能，提高我们的审美能力。当然了，对美的事物的追求不只局限于艺术和设计，它贯穿于日常生活的方方面面。它可以是一幅优美的画作，一首动人的音乐，一段感人的电影，一篇精心编排的文章，甚至是一块美味的食物。在我们学习的过程中，通过接触并理解这些美的事物，我们可以不断丰富自己的情感世界，拓宽自己的思维边界。

毕加索，这位西班牙著名的画家和雕塑家，以其独特的艺术风格成为艺术界的璀璨之星。他并不满足于泛泛而谈的艺术表现形式，而是通过持续地学习和探索，逐渐形成了自己独特的艺术风格，使得自己的作品独一无二。

在毕加索的创作过程中，他相信色彩、形式和空间是艺术创作中不可或缺的元素。他注重色彩对于作品表现力的影响，通过运用不同的色彩搭配，使作品更生动、更富有表现力。形式则是他关注的另一个重点，在他的作品中，形式的变化往往能够传递出强烈的情感和冲击力。而空间的运用则进一步增强了其作品的立体感，从而更好地表达了他的创作意图。

毕加索不单是依靠天赋完成了这一切，更重要的是他通过多方面的艺术学习和实践，不断拓宽了自己的艺术视野。他不仅研习了西方艺术的经典作品，还深入探索了非洲和东方艺术的神秘之处。通过吸收不同文化背景的艺术元素，他丰富了自己的审美经验，培养了独特的艺术眼光。这种极富创新精神的态度和才华，使得毕加索的艺术才能得以不断提高，也使得他的作品充满了无限的可能性。

像毕加索这样的艺术家，他们的成功表明，审美能力的提高是通过不断地学习、实践和探索实现的。他们通过多方面的艺术学习和实践，锤炼自己的技巧和能力，注重细节的描写和刻画，从而创造出了具有独特审美价值的作品。

无论是在学术领域、艺术创作还是生活中，通过不断学习，我们都能够拓宽自己的知识面，培养良好的习惯，提升自己的技能水平。

1. 保持积极的心态

在学习新知识、接纳新的艺术形式或者体验新事物的过程中，应该始终坚持积极的态度。只有积极主动地对待学习，才能够真正享受学习带来的心灵愉悦和提升审美的乐趣。特别是当我们经历了一段时间的学习和欣赏之后，会产生一些审美疲劳。这个时候，积极的心态能够帮助我们重新调整内心的状态，挖掘出新鲜感和激情。

可以说，积极的心态是我们获取美的养分和能量的源泉，它能够帮助我们迎接挑战、战胜困难，并不断发现和创造美。

2. 学习思考的艺术

学习并不仅是死记硬背知识点，更重要的是学会思考。通过学习哲学、逻辑学等学科，我们可以培养自己的思辨能力，学会分析问题、思考问题的本质和内涵。这种思考的艺术可以使我们更加敏锐地察觉美的存在，并且更好地欣赏和追求美。同时，学习思考的艺术也可以帮助我们更好地理解和欣赏他人的作品，从而更好地与他人交流和分享美的体验。

3. 学习创造的过程

创造是美的源泉，通过学习创造的过程，我们可以更好地理解和追求美。学习科学、工程学等学科，可以帮助我们了解创造的过程和原理，培养我们的创造能力。通过学习绘画、音乐、写作等创造性的艺术形式，我们可以运用所学的知识和技能，创造出属于自己的美。通过学习创造的过程，我们不仅可以追求美，还可以创造美，将美融入自己的生活和作品中。

4. 培养情感敏锐度

审美是一种对美的感知和理解能力，而情感是我们对美的反应和体验。通过学习表达情感的方式，比如学习绘画、音乐、写作等，我们可以更好地理解和表达自己的情感。与此同时，我们也需要培养自己的情感敏锐度，学会从艺术作品中获取情感共鸣，以此提升自己的审美水平。

追求美是人类天性中的一部分，它能够给我们带来内心的平静和满足感。在平时的生活中，我们应该持续学习，不断提升自己，保持对知识的渴望。只有通过学习，才能更好地理解、欣赏和创造美，让美成为我们生活的一部分，并拥有美好的生活。

多换位：摒弃以自我为中心的思维

在这个充斥着各种审美标准的世界里，我们常常陷入“我喜欢”的陷阱中。但是，要真正提升我们的审美眼光，需要学会换位思考，不能只顾自己的感受。

什么是换位思考呢？就是站在别人的角度来看问题，尝试理解他们的感受和想法。比如，你看到一个穿着奇装异服的人，你的第一反应可能是嘲笑或者不屑一顾。但是，如果你换位思考一下，想象一下自己穿上那样的衣服会是什么感觉，你可能会发现，原来那个人只是想表达自己独特的个性，或者在追求一种与众不同的审美标准。当我们不只停留在自己的视角上，而是积极尝试从他人的角度去观察、理解和欣赏事物时，我们才能摆脱自我束缚，拓宽自己的认知边界。

再比如，你可能觉得某种音乐很难听，认为喜欢它的人没有品位。如果换位思考，把自己视为那个音乐家，你可能会发现，他们只是在追求一种独特的声音和情感表达方式。如此一来，你会觉得那些刺耳的音乐，其实蕴含着深刻的内涵和情感，你只是还没有和他人找到共鸣。

很多时候，我们只是活在自己的小圈子里，只接触到一种类型的艺术和文化，所以我们的审美观显得太过狭窄。所以，我们要多出去走走，多看看不同类型的电影、听听不同风格的音乐、阅读不同风格的文学作品。

的确，当我们能够站在不同的角度、立场看待事物时，便有机会拓宽自己的视野，培养出更加开放和丰富的审美观。在生活中，我们该如何摒弃以自我为中心的思维，多与他人换位思考呢？

1. 放下自己的成见

先讲一个笑话。有一天，一只猫和一只狗在一起散步，猫突然说："你知道吗？我觉得狗粮真的很好吃！"狗听后大吃一惊，然后说："你是说真的吗？我一直以为猫粮才是最好吃的！"这个笑话告诉我们，放下自己的偏见，换位思考可以让我们发现一些意想不到的事情！

现实生活中，我们常常陷入自己的思维定式中无法自拔。面对某个事物或是某个艺术作品，我们可能会迅速下结论，喜欢或是不喜欢。这样的行为其实是一种过于主观的偏见。只有在我们试着理解别人的观点，了解他们的背景和经历后，才能以更宽容的心态去对待他人的审美观。也许我们会发现，在看待同一个事物时，我们并不是唯一的真理。

2. 学会倾听

倾听对于提升我们的审美水平也有很大的帮助。在倾听他人的意见和想法的过程中，我们能够接触到不同的文化和观点。这种多元的观点和经验能够丰富我们的审美认知，让我们对艺术的欣赏更加深入和全面。另外，通过与不同背景、不同经历的人交流，我们能够更好地理解世界的多样性，丰富我们的认知，并从中汲取灵感，提升我们的审美水平。

特别是，当我们倾听别人的建议和意见时，能够从中获取宝贵的反馈和启示，从而更好地认识自己的盲点和不足，拓宽自己的成长空间与审美水平。

3. 保持同理心

保持同理心意味着我们能够理解和感受他人的情感和立场。在审美领域，这意味着我们不仅要欣赏自己所喜爱的艺术形式，还要尊重和理解他人对不同艺术形式的喜好。当我们能够站在他人的角度来看问题时，会更加关心和理解他们的感受。这样一来，我们就能够更好地与他人建立起互信。

另外，保持同理心有助于我们理解艺术作品背后的意图和创作动机。每个艺术作品都有其独特的创造者和背后的故事。通过保持同理心，我们能够更好地理解艺术家的视角和表达方式，并切身感受他们想要传递的情感和思想。

4. 培养包容心

审美观的差异常常会引发误解和冲突。如果我们能够换位思考，从他人的角度去理解和欣赏他们所喜欢的美，那么我们更容易包容对方。这种包容不仅可以帮助我们更好地与他人沟通，也能避免让我们陷入一种狭隘的境地。

美是多元且广泛的，它有千万种形态，没有固定的标准。所以，我们应该用一颗包容的心去拥抱它，愉悦地接受它给予的感受和启示。这样，我们在审视美的过程中，才能拓宽自己的审美眼界，真正欣赏到美的魅力，并深入思考和理解其背后的内涵和多样性。

当然，保持包容心并非易事。我们常常因个人偏见而不肯接受他人的审美观点。要保持同理心，一定要做好自我反思，即要批判性地看待自己的审美偏好，用开放的心态去接纳、理解他人的审美立场。

总之，在追求美的过程中，我们应该摒弃以自我为中心的思维方式，多站在他人的角度审视美，如此，才能够更好地理解和欣赏他人的美，不断拓宽自己的审美视野，欣赏到更多的美。

多积累：丑小鸭不是一天变成白天鹅的

为什么很多人的美感和品位不行？就是因为平时看到美的东西太少了。审美品位的提升，需要我们经常去欣赏美，不断收集和整理美的东西。就像童话故事《丑小鸭》的主人公一样，它原本是一只外表丑陋的小鸭子，长得与众不同，经常被其他同类嘲笑和排斥。然而，通过一系列的经历和探索，丑小鸭最终成长为美丽的天鹅，并获得了其他同类的认可和尊重。

审美并不是一蹴而就的，也不是凭借外表的改变来实现的。更何况，大多数人天生对美的感知比较敏锐，需要通过长时间的积累和磨砺才能获得良好的审美能力。所以，美是一种积淀，是内心的蜕变和成长。

所以，想要提升审美，需要对各种艺术形式和文化有所了解。假设你对音乐知之甚少，那么你可能无法欣赏到各种不同类型的音乐作品。但是，如果你开始积累音乐知识，了解不同的音乐流派和作曲家，你就能更好地欣赏和理解音乐的美妙之处。所以，多积累是提升审美的重要一步。

那么，我们如何进行这种积累呢？

1. 接触不同领域的艺术形式

只有沉浸在绘画、音乐、电影、文学等多种艺术领域中，我们才能感受到不同作品之间的差异与魅力。比如，阅读文学作品可以开阔我们的思维，引领我们进入一个充满想象力的世界；欣赏绘画艺术可以让我们感悟色彩的魔力，体验不同画派的独特韵味。通过积极主动地学习和观察，我们与艺术的亲近程度会不断提升，同时也增加了我们对审美的敏感度。

2. 多阅读和观察

阅读不同类型的书籍可以让我们接触到各种不同的思想和观点，从而拓宽我们的思维方式。平时，可以多阅读一些关于艺术的书籍或杂志。这些书籍通常会介绍不同时期和地区的艺术作品，以及艺术家的生平和创作背景。通过阅读这些书籍，你可以了解到更多关于艺术的知识和背景，从而更好地理解和欣赏艺术作品。

此外，要多用心观察，更加敏锐地发现周围的美丽事物。比如，你可以观察大自然中的美景，或者欣赏一幅绘画作品中的细节，或者参观不同的艺术展览和画廊。这些地方通常会展示各种不同风格和主题的艺术作品，从油画到雕塑，从现代艺术到传统绘画，应有尽有。你可以随意欣赏和观察这些作品，尝试理解艺术家的创作意图。

凡·高是一位著名的后印象派画家，他的作品以明亮的色彩和浓厚的笔触著称。如果你只看过凡·高的一两幅作品，你可能会觉得他的画风很奇特，甚至有些难以理解。但是，如果你了解到凡·高是受到日本传统绘画的影响，你就会更好地理解他的作品了。通过多积累，我们可以了解到不同文化和艺术风格的交流和影响，从而更好地欣赏和理解艺术作品。

3. 参与艺术活动

比如，参加绘画课程、学习舞蹈或加入戏剧社团等。这些活动不仅能够帮助我们培养艺术技能，还能够让我们更深入地理解和欣赏艺术。很多人都有这样的经验：在参加某个绘画课程之前，对绘画了解不多，只是觉得画画很好玩。通过学习各种绘画技巧和理论后，能更好地理解一幅画背后的故事，以及每一种色彩的情感。这种参与式的学习方式有助于我们更深入地理解艺术与审美。

4. 欣赏好的影视作品

假如你正在看一部备受赞誉的电影，但是你却对其毫无感觉，甚至觉得没意思。为什么？因为你对其中的故事背景、导演的创作意图等不甚了解。如果你对这些有一定的了解，相信，你的注意力就不会只停留在画面上，而会有更深入的思考，并能发现许多镜头的深意。也就是说，当你欣赏一部电影时，不能只看剧情发展和演员演技，还要了解电影的背景和导演的创作意图，这样才能真正理解故事所要表达的主题和意义，更好地享受影视作品带来的艺术体验。

5. 开拓新的审美领域

就像吃饭一样，如果你只吃你熟悉的食物，你永远不会知道其他美味的存在。同样，如果我们只局限于我们已经熟悉的艺术形式，我们就无法发现其他美的可能。比如，你是一位音乐爱好者，一直认为自己对音乐很有品位，只听古典音乐和摇滚乐。但是，当你第一次听一场爵士音乐会时，你可能会被那种独特的节奏和即兴演奏所吸引，开始对爵士音乐产生兴趣。之后，当你不停地尝试其他类型的音乐时，也会从中发现更多美妙的声音。

由此可见，敢于尝试新的事物，有助于开拓新的审美领域，发现更多的美。

审美能力的培养离不开积累和感知，特别是在这个信息爆炸的时代，为我们提供了丰富的艺术形式与审美选择，为此，我们应该保持开放的心态，通过多种途径和方式积极地触碰和感知美，丰富自己的审美经验，拓宽自己的审美视野。

第六章
社交中的美商

在社会交往中，拥有美商的人，人缘都不会太差。他们通过自己的审美观念与形象，向外界传达出个人的品位、态度与社会适应能力，以及对他人的尊重。这些都极大地提升了其社交魅力和影响力。

什么是真正的社交中的高美商

一个人的美商与其修养是息息相关的。当然，并不是说修养高的人就一定有好的审美能力，但是，修养高的人对于审美的追求更有品位，更有深度。正如蔡元培先生所说："审美观念是随着修养而进步的，修养愈深，审美程度愈高。"

在平时的社会交往中，不少人有不错的情商，智商也不差，却是十足的美盲。

所谓的美盲，是指那些在社交媒体上对于美的判断力有些模糊的人。他们的眼睛似乎被美丽所蒙蔽，无法分辨出真正的美与丑。这种现象在社交媒体上非常常见，每天都有无数的美盲们在点赞和评论中不自觉地充当着"美丽的代言人"。

美商高的人很少会简单地赞美一个女人的外貌，因为外在美是显而易见的，而且这样的赞美早已经被别人千百次地说过了，所以如果再说出来的话，多少会让人觉得索然无味。他们要赞美对方，会着重表达对方的与众不同之处，让赞美更有独特性。

比如，“你的观察力好厉害。”通过欣赏对方敏锐的观察力，这显示了她的聪明才智和洞察力，很可能带来不同寻常的见解和创造力。这种赞美不是关注对方的外貌，而是关注对方的内在能力和智慧。“你的气质很独特，有点像……”在赞美时突出对方独特的气质，可能让人联想起一位有才华的名人或者众所周知的角色。这样的赞美不仅是夸耀对方的外表，而是关注对方的内在个性和魅力。

再如，“在这方面，你的品位与见识在我见过的人中……”这是称赞对方在某个领域的品位和见识。这样的赞美，表明对方在特定领域有着非凡的娴熟和深度，他们欣赏对方在艺术、时尚、文化等领域的独到见解。

美商高的人明白，真正的美不仅来自外表，更来自内在的独特个性和智慧。所以，当他们赞美一个女人时，用言语表达的是对方独特的魅力和非凡的品质，这种扩展和深化的赞美，不仅可以让对方感受到自己的价值和特别之处，也能够建立更为真实和深入的人际关系。

在现实中，很多人注重外表，追逐流行潮流，而忽视了内在美的重要性。然而，真正引人注目的美丽并非源自外貌，而是内在品质的闪耀。所以，在人际交往中，特别是与异性交往中，不要纠缠于所谓的技巧，而是要学会欣赏内在美。发现并关注他人的内在美，才能与他人建立更真诚、深入的关系。

用好首因效应，第一眼就留下好印象

在生活中，我们经常听到一个词叫“首因效应”。那什么是首因效应呢？它是一种心理学现象，指我们对某个人或事物的第一印象会对后续的看法和评价产生重要影响的现象。简单来说，第一眼就决定了一切！

我们都知道，外貌是第一印象的重要组成部分。所以，如果你想让人们对你的第一印象感到舒服，就要注意自己的打扮。不要穿得过于花哨或夸张，也不要穿得太邋遢。选择适合自己的服装风格，既能展现个性又不会让人感到突兀。此外，保持良好的卫生习惯也很重要。无论是干净的头发、整洁的指甲还是清新的口气，都能给人留下好的第一印象。

首因效应在社交中占有重要的地位。当我们第一次与他人见面时，给对方留下的第一印象往往会持续影响我们之后与对方的关系。因此，在与他人初次接触时，我们要尽量展现自己的优点和特长，通过积极向上的形象来给对方留下好的印象。这将有助于建立良好的人际关系，并为将来的合作奠定良好的基础。

网络上有一个故事。某地一位 26 岁的小伙去相亲，回来后，他主动加对方的微信，并表示对对方有好感，但是被姑娘拒绝了。理由竟然是：小伙子相亲时穿了一双凉鞋。原来，为了相亲，姑娘精心化了妆，涂了眼影，对方却穿一双凉鞋过来。这让她觉得有点过分。

也有人评论说："这个姑娘太苛刻了，嫁人，重要的是看内涵。"殊不知，一个外表都拾掇不好的人，又怎么能让人相信他有内涵呢？再说了，第一次相亲约会就表现得如此随意，那在以后的生活中，又怎么能对别人用心呢？

其实，这位小伙子的审美可能也有问题。今天去相亲，他是这个样子，明天去面试，他也可能会随便穿条短裤，搭一件T恤。他会说："这是我的习惯。"这些说明他的生活中缺乏审美，以至于允许自己穿凉鞋去相亲约会。一个人审美低下，且不愿意改变，那在他邋遢外表、混乱的穿搭背后，他的整个世界也一定邋遢而混乱。

在社会交往中，第一眼就让人舒服的人，往往审美都不会太差，且待人接物很有礼仪感。事实也是如此，一个人的外在形象可以传达出其个人品位、态度和社会适应能力。特别是在一些重要的社交场合，如商务会议、面试、约会或聚会，一个人的外表更能反映其对自己和他人的尊重程度。

同样地，首因效应在职场、商界等也能起到重要作用。比如，在面试过程中，应聘者的第一印象常常决定了是否能得到工作机会。因此，在面试前要注意打扮得体，面试时言谈举止要得当，以便给招聘者留下良好的第一印象。

那我们如何运用首因效应来提升自我形象呢？

1. 仪表仪容要得体

穿着得体、整洁干净是塑造形象的基础。当我们以一个整洁、自信的形象出现在人们面前时，会给人留下积极的第一印象。此外，我们还可以运用色彩搭配、仪态优雅等元素来提升自己的形象。一身大方得体的服饰，优雅自信的举止，都能够让人们对我们有一个积极的第一印象。

2. 注意仪态和表情

保持微笑是非常重要的，因为它能够让人觉得你友善、开朗。当然，并不是说你要一直傻笑着，那样会让人觉得你有点奇怪。但是，适时地展现出微笑是很有必要的，它能够让你看起来更加亲和、可爱。

3. 注意个人言谈举止

言谈举止是我们与他人交流互动的重要方式之一。我们需要保持积极的语言态度，用诚实、礼貌、尊重的话语与他人进行交流。同时，我们还应该保持自信、镇定的表情和姿态，以展现对自己及他人的尊重和关注。通过这种积极的个人言行，我们能够给人留下积极、友好、真诚的第一印象。

4. 积极与他人互动、合作

在社交活动中，我们需要积极与他人互动，如可以通过主动与他人交谈，分享自己的见解和经验，展示出我们的素养和才华。此外，我们还可以通过参加志愿者活动、社团组织等形式来展现自己的社会责任感和团队合作精神，从而使他人对我们形象的评价更加正面。

5. 掌握一定的社交技巧

社交技巧也是提升自我形象的重要一环。在与人交往时，要学会倾听和尊重别人的意见。不要总是自以为是，否则你可能会给人留下一个自大傲慢的形象。而且，要学会与人建立良好的人际关系，这样别人才会愿意与你交往。另外，在社交媒体上要多展现自己积极的一面，不要随意发布不雅或冒犯性的内容，也要避免过度自夸或炫耀。相反，分享有趣、积极的内容，与他人友好互动，会给人留下好的印象。

有时候也需要反向运用首因效应。什么意思呢？就是在第一次见面时适当展示自己的缺点或者短处，以此来让别人对我们产生好感。这听起来有点不可思议，但是它确实是一个很有效的方法。当你故意暴露自己的缺点时，别人会觉得你很真实、可信赖。这样一来，他们也许会更加愿意接近你，与你建立更深入的关系。

综上所述，首因效应是一个普遍存在的现象。我们应该充分利用首因效应的作用，通过展现积极正面的形象和特点来取得更好的结果。在社交交往中，用好首因效应将有助于我们与他人建立良好的关系，获得更多机会。

成为情绪的“管理员”

现在，让我们来做一个假设。

如果你是网络主播，有不少粉丝，只要你一开播，就会看到各种各样的情绪倾泻在屏幕上。有人在抱怨工作，有人在诉说感情问题，还有人在发泄生活的不满……这些情绪充斥着你的眼球，仿佛你成了他们的情绪“垃圾桶”。

请问，你真的觉得这样好吗？

每个人都有情绪，这是不可避免的。有时候我们会感到开心，有时候会感到沮丧，有时候会感到愤怒。有情绪很正常，但问题在于我们不应该将负面情绪积攒起来。

有人认为负面情绪应该藏起来，但实际上，这只会让问题变得更糟。把情绪压抑在内心深处，就像是把垃圾堆在一个不断膨胀的垃圾桶里，最终会导致垃圾溢出。

试想，当你的情绪垃圾桶溢出时会发生什么。你可能会突然爆发，对别人发火，或者在不恰当的时候大哭大闹。这些情绪爆发就像是垃圾桶里的垃圾被强力喷射器喷出来一样，让你无法控制。

从现在开始，你要学会拒绝作情绪的“垃圾桶”，而要成为情绪的“处理员”。是的，你没有听错，你可以处理自己的情绪，而不是简单地将其扔进一个垃圾桶里。拒绝做情绪的“垃圾桶”并不意味着我们对自己、对他人的情绪视而不见，而是要给予一些正能量的回应。

怎么做呢？

1. 学会接纳自己的情绪

面对自己的情绪，我们需要勇敢地面对它们，而不是逃避或压抑，因为它们是你的一部分。

接纳自己的情绪是一种自我认同和自我接纳的表现，这种接纳让我们更有力量去面对生活中的挑战。一旦我们接纳了自己的情绪，接下来的关键就是找到适合自己的情绪处理方式。每个人对于情绪的处理方式都是不同的，需要我们去探索和发现。有人可能喜欢通过写日记来释放情绪，将内心的倾诉用文字记录下来，从而获得一种情绪的宣泄和情感的释放；有人可能喜欢通过运动来释放，让自己重新充满活力；还有人可能倾向于冥想，用静心和呼吸来平复内心的波动，找回内心的平静和宁静。

2. 学会与他人沟通

有时候，我们的情绪波动是因为与他人的冲突而产生的。如果你能够与他人坦诚地交流，解决问题，那么你就能够避免情绪的积累，让自己成为一个更开心的人。

在与人沟通时，首先要学会倾听，但不要过分地承担别人的情绪。当别人向我们倾诉时，可以给予一些安慰和支持，但是也要学会辨别何时适当地结束这个话题，而不是让它变成一场无休止的抱怨。其次，要学会表达自己的需求和感受。如果我们觉得别人过分的依赖给我们造成了不良影响，可以适当地表达自己的想法，告诉对方我们也有自己的烦恼需要处理。最后，我们要学会独立处理自己的情绪。无论是通过运动、写日记还是与朋友聊天，我们都可以找到适合自己的方式来释放和调节情绪，而不是总依赖别人。

3. 不要沉溺在他人的情绪中

想象一下，如果你成了别人的“垃圾桶”，每天都要听别人诉说他们的烦恼，你会是什么感受呢？是不是会觉得无聊、疲倦甚至是厌烦？而且，如果我们总是被别人的负面情绪所包围，那么我们自己也会受到影响，变得消极和沮丧。所以，我们应该拒绝成为情绪的“垃圾桶”，保持积极的心态，这样才能真正享受生活的乐趣。

沉溺在他人的情绪中，会扼杀自己的独立思考。当我们太过关注他人的情绪时，很容易把自己的感受和观点放在一边，致使自我意识淡化。这样，我们就会变得趋同，失去自己的独特性。

我们可以从他人的情绪中学习到一些有益的东西，但不应该将其作为自身情绪的全部依托。只有保持内心的平静以及保护自己的心理健康，我们才能够更加自由自在地生活，成为更好的自己。

4. 给予正能量的回应

每个人在经历不同的情感和压力时都有可能产生负面的情绪反应。因此，我们不应该指责自己或他人。相反，我们应该通过理解和接纳这些情绪，给予他们正面的回应。回应的方式有很多。比如，与他人分享我们的经历和心情。在社交媒体上，我们可以发送一些积极向上的帖子，与朋友分享我们在克服困难时的经验。当我们看到朋友们发表消极情绪的帖子时，我们可以用鼓励的话语和支持的动作来回应，鼓励他们坚持下去并提供帮助和支持。

5. 不忘笑一笑

笑是一种简单却有效的治愈心灵的方式之一。它可以缓解压力、舒缓紧张情绪，并且能够给我们带来积极的能量。在感受到消极情绪的时候，不妨试着笑一笑，让笑容从内心散发出来。笑可以给我们带来一种积极的能量。当我们笑的时候，身体会释放出一种叫作内啡肽的物质，它能够促使我们感到愉悦和幸福。所以，笑一笑不仅是一种表达快乐的方式，更是一种积极治疗心灵的手段。

从现在起，让我们拒绝成为情绪的“垃圾桶”。让我们成为情绪的“处理员”，接纳自己的情绪，找到适合自己的方式来处理它们，与他人沟通，并时刻保持笑容。这样，我们就能够成为一个更快乐、更健康的人。

说话有分寸，不失语言美感

我们都希望能在与他人交往的过程中给人留下良好的印象。但是，有时候我们会在不经意间说出一些让人尴尬的话。想象这样一个场景：你在某个场合遇到一位陌生人，你们没聊几句，他突然问你的收入状况。你会不会感到意外呢?

很多人都遇到类似的问题，并因此感到尴尬，一时不知如何应对。其实，这种情况原本可以避免，只要说话拿捏好分寸。事实上，很多人都会犯这样的错误，就是不分场合与时机说话，原本很漂亮的一句话，结果讲出来显得很不体面，或有失礼节。

所以，说话一定要看场合，一定要注意分寸感。所谓“分寸感”，是我们站在自我的角度上，清醒地认知自己的身份和地位，懂得与他人交往、交流、维系关系的尺度。平时，我们说一个人“不知深浅”，不是说这个人的性格不好，或是不太合群，而是说他掌握不好说话办事的火候，总说过分的话，做过分的事。

比如，有的人喜欢打听别人的隐私，即便是陌生人，没聊上几句，就会问对方“你有男朋友吗？”“一个月能赚一万吗？”“你老公是干什么的？”……其实，这就是一种典型的说话没有分寸的表现。生活中，像这样的例子不胜枚举。

实际上，生活中一半以上的烦恼都源于说了不该说的话。人生的大部分课题都与说话有关。而把握好说话的分寸，才能把握好人际关系。即便双方的关系再好，说话也要有分寸感。千万不要觉得双方已经很熟了，就可以随意开玩笑。每个人的底线不一样。你说一个胖子“胖”，是调侃，你说人家“肥”，多少有些侮辱的意味。你对哥儿们说“笨蛋”，是玩笑话，你说他“有点傻”，就是对人不敬。私下里熟悉的朋友开玩笑的尺度可以很大，但是如果在场的人较多，随便开玩笑，可能就会伤到朋友的面子。总之，再漂亮地说话，也要掌握好分寸，否则会让自己和他人很尴尬。

现实中，那些所谓“高情商”的人，其实都是能巧妙把握分寸感的人，他们能够把话说到“刚刚好”。为什么？因为他们心中时常“装”着别人，说话会考虑对方的感受，不会熟不拘礼。概括起来讲，就是能把握好三点。

1. 分清说话场合

不同的场合有不同的要求，要根据具体情况来选择合适的话题和说话方式。比如，在正式的场合，我们应该避免谈论一些敏感的话题，要尽量保持庄重和礼貌。而在休闲的场合，可以更加随意一些，但也要注意不要说一些冒犯他人的话。

2. 知道事情的边界

说话办事，找到事情的边界是非常重要的，就像国家有国家的法规，公司有公司的规定一样。每个人做事的边界是不一样的，做事的边界就是做事的原则。别人做事的边界，你需要尝试才知道。你自己做事的边界，那就是你自己定的。“边界”可以帮助我们约束自己的想法，防止随心所欲。明确了边界之后，相当于为思想这匹“马”添加了一条缰绳，让它变得可控。

3. 清楚对方的底线

对方的底线就是你不能碰触的那条关系“高压线”。如果你不知道对方的底线，那么你就不知道如何发展你们之间的关系。沟通时，了解对方的底线，是为了让你更加清楚对方在想什么，从而有的放矢，不至于触犯对方的忌讳。否则，一再跨越对方的底线，踩踏对方的禁区，即便两个人关系再好，也会心生嫌隙，甚至是反目成仇。

如果事先不知对方的底线怎么办？很简单，在与他人交流时，要注意观察对方的反应，如果对方不感兴趣或者感到不悦，我们应该及时调整自己的说话方式，避免继续冗长地说下去。因为，离他的底线不远了。

4. 控制自己的情绪

我们常常会在激动、愤怒、兴奋等情绪的驱使下，不假思考地说出一些伤人的话语，向他人释放负能量。然而，当我们学会控制自己的情绪时，我们的言语将会变得更加理性、温和、有力量。所以，要尽量避免在情绪激动的时候说话，等冷静下来，再来表达自己的观点，这样可以避免伤害到他人的感情。

5. 注意语言的美感

语言是一种艺术，我们可以通过选择合适的词汇和句子结构来使我们的话语更加生动有趣。比如，可以使用一些幽默的词汇或者句子结构来调节气氛，让人感到愉快。同时，还可以运用一些修辞手法，比如比喻、夸张等，来使所说的话语更加生动形象。当然，不要过分夸张，以免让人觉得我们在故意卖弄。

说话的分寸不仅是一种礼仪，更是一种智慧。拿捏不好这几点的人，永远都是社交中的"边缘人"。只有保持合适的分寸，才能保持人际关系的稳定和平衡，赢得他人的认可和尊重，并在一分一寸中叠加起人生的高度。

交往有边界，避免热情过头

在社会交往中，不论是什么关系，即便再"亲密"，也不能靠得太近，否则，有可能给双方带来意想不到的伤害。这是一种很有趣的现象，有人将其形象地称为"刺猬效应"。

"刺猬效应"是心理学中的一个概念，它来源于西方的一则寓言，其寓意是：刺猬在天冷时彼此靠拢取暖，但保持一定距离，以防止互相刺伤。它形象而深刻地反映了人际关系中保持距离的重要性——不能离得太远，也不宜靠得太近，控制好距离，对彼此都是一种保护。同时，它也很好地实现了一种平衡——在满足我们社交需求的同时，也保护我们的个人空间。

从审美的角度看，即“距离产生美”。当我们与某人过于亲近时，往往会忽视他们的美，因为太过熟悉他们，甚至开始注意到他们的缺点。但是，当我们与某人保持一定的距离时，更容易欣赏到他们的美。这种距离可以是物理上的，也可以是情感上的。也就是说，人们在审美过程中，最好要保持适当的距离，如时间距离、空间距离和心理距离，否则就会影响审美主体的审美效果。

胡适是20世纪上半叶文坛的一位风云人物。他的太太江冬秀喜欢打麻将，他们在研究院的宿舍居住时，江冬秀为了打麻将，经常违反宿舍规定。胡适屡劝不止，只好带着她搬了出去。

于是，有些人不解，便问胡适：“院长是你的学生，打个麻将也不是什么大事，你至于跟他客气吗？”胡适回答：“正因为他是我的学生，我才不能麻烦他。”

胡适并非不懂人情世故，他非常清楚，人情牌很珍贵，随便用会显得对别人不尊重，也会打破友情交往的平衡。但是，现实生活中很多人不清楚这一点，觉得不过是“一点小事罢了”，将麻烦别人当成了一种习惯，并在别人的生活中“走来走去”。结果，既没有守住自己的界限，也侵犯了他人的界限。

现实生活中，我们普遍有这样一种心理状态：当我们孤独和焦虑时，为了缓解这种情绪，会寻求与他人建立亲密关系。但是，当这种亲密关系建立起来后，我们又会感到束缚和压抑，需要重新回到一种能够保持自由与独立的孤独状态中。

特别是在与朋友、同事的相处过程中，这种心理状态体现得尤为明显。这时，我们就需要运用“刺猬效应”来调整与彼此之间的“距离”，让双方之间有明确的界线，避免互相干扰和冲突，以更好地保护双方的利益和底线。

具体怎么做呢？

1. 尊重对方的个人空间和隐私

在交往中，每个人都需要一定的时间和空间来独处和放松。不要过于频繁地打扰对方，给对方发短信或打电话。如果对方不愿意分享过去的感情经历或家庭情况，应该尊重对方的隐私，不要追问或探究对方的隐私。

2. 避免过度热情和过度干涉对方的生活

在交往中，要适度地表达自己的关心和热情。不要过度干涉对方的生活和决策，让对方有足够的自由和空间。例如，如果对方想在自己的朋友圈子里玩耍，应该给予对方足够的自由和空间，不要过度干涉对方的选择。同时，也要避免过度干涉对方的工作和生活习惯，不要过于干涉对方的行为和决定。

3. 尊重对方的意愿和决定

在交往中，要尊重对方的意愿和决定，不要强迫对方做自己不喜欢或者不愿意做的事情。如果对方表达了不同的意见或者不愿意做某件事情，应该尊重对方的决定，不要过度坚持自己的想法。例如，如果对方不愿意去看电影，应该尊重对方的意愿，不要强迫对方去做自己不喜欢的事情。

4. 建立良好的沟通和信任

在交往中，要建立良好的沟通和信任关系，避免产生不必要的误解和矛盾。如果双方出现了分歧或者矛盾，应该及时沟通和解决，避免让问题扩大和恶化。例如，如果双方在某件事情上出现了分歧，应该及时沟通和交流，了解对方的想法和建议，从而达成共识和理解。同时，也要经常分享自己的生活和感受，让双方更加了解彼此，增强彼此之间的信任和沟通。

5. 避免过于依赖对方

在交往中，要保持自己的独立性和自主性，避免过于依赖对方。不要把对方当作自己的全部，应该保持自己的兴趣爱好和朋友关系，独立地安排自己的生活和决策。同时，也要给予对方足够的自由和空间，不要过于束缚对方的生活和行为。

在生活中，距离产生美是一种普遍存在且深入人心的现象。从自然景观到人际关系，从个人情感到艺术表现，我们都能感受到距离所带来的美好。距离并非隔离和疏离，而是一种让我们更加珍惜和感激生活的态度。在繁忙而快节奏的生活中，或许我们应该主动创造一些距离，来拥抱那份美，感受那份真实而独特的温暖。

口下留情，不要习惯性反驳

无论在生活中，还是社交媒体上，我们经常会看到一个词，“杠精”。它是指定的一类人群，这类人以争论、挑剔和抬杠为乐，通过挑战别人的观点来彰显自己的优越感。2018年底，“杠精”还被国内知名杂志《咬文嚼字》列为年度十大流行语之一，同时国家语言资源检测与研究中心也将其纳入“2018年度十大网络用语”。

有人认为，“杠精”是网络世界中的智者，他们愿意为真理而战。“杠精”们通过提出质疑和挑战，促使人们重新审视自己的观点，从而推动了讨论的深入。但是，更多的人认为，他们非常讨厌，缺乏对他人观点的尊重和宽容，为了杠而杠。所以，一旦你被打上了“杠精”的标签，那在别人眼中，你的形象大概率不会好到哪里。

由于角色、学识、经历等不同，不同的人对同一件事情的认知、观点会有所不同，甚至会截然相反。因此，经常会出现这样一种情景：几个人因为对某件事情的观点不同，一直争论。

人们因为观点不同而争吵，但这只是表面现象，深层次的原因是“立场”问题。什么是立场？要正确理解立场，先要认清什么是事实与观点。我们常说“事实有真假，观点无对错”。这是因为，事实只有一种可能，即它已经或是正在呈现的某种状态。例如，现在是冬天，你说“天气好冷”，这是你的观点。但这并不代表所有人都觉得冷。而事实是“今天气温是5℃”。因此，观点是以事实为基础的，也就是说，事实是底层的，观点在其上一层。如果理解不了这层关系，那和别人争论“天气冷还是不冷”就没有意义。

在观点之上是“立场”，也可以理解为认识和处理问题时抱有的态度。例如，你觉得天气冷，你的态度可能是开空调，而他也觉得天气冷，他的态度可能是赶快买个电暖气。大家的立场之所以不同，多数是从自身利益出发来考虑问题的。因此，你非要说用电暖气不如开空调，并罗列一大堆理由出来，对方并不一定会信服。因为你的观点和立场是基于自己的切身利益提出来的，而对方的观点和立场也是基于他自己的切身利益提出来的。因此，当讨论问题时，一定要分清楚讨论的是事实、观点还是立场。不在一个层面上讨论问题，只会伤害彼此的感情。

在许多情况下，一个人的观点容易改变，但改变他们的立场却很困难。这是因为一个人的立场代表了他们的底线或防线，就像河流的大坝一样，他们绝对不允许自己的立场被冲垮，即便他们也知道自己立场中存在的问题。如果你坚持要挖开他们的防线，证明他们的立场是错误的，那就等于直接挑战他们的底线。因此，永远不要做这样的事，以免引起不必要的冲突和伤害。

瑞士心理学家荣格曾说：“你永远不要有企图改变别人的念头！”人

是一种非常“理性”的动物，这种“理性”往往建立在与自身利益相关的事情上。一旦某事与自己无关，人就很难保持理性。因此，经济学中才有“理性人假设”的说法，即并非所有人对所有事情都保持理性。所以，不要轻易参与与自己切身利益无关的话题争论，因为你可能没有自己想象的那么理性。

聪明的人通常会尊重他人的观点，即使他们存在错误，也会耐心倾听。而与此相反，愚蠢的人常常表现出一种“红灯思维”的倾向，只要他人的观点与自己不同，就立即进行反驳。他们无法容忍别人的新观点，常常将自己封闭在一个独立的思维空间内，并认为他人只有在这个空间内才是正确的。

在与人交往中，出于自身利益的考虑，大家经常会就某一件事表达不同的立场，这种情况很常见。可以毫不夸张地说，如果一个团队有 50 个人，在某一件事情上可能会有 50 种立场！

那当他人的立场与自己不同，甚至相悖时，是该耐心说服让其“改邪归正”，还是针锋相对，一味强调自己正确呢？两者都不对。

在人际交往中，我们应该保持一种开放的心态，不要以自己的立场或三观为标准来评判世界。对于自己不喜欢的事物，要学会接受他人的喜好；对于自己不赞同的观点，要尊重他人的选择。强加自己的价值观于他人，是一种不尊重他人的行为，甚至会触碰别人的心理防线。一个人最大的恶意就是将自己的理解理所当然地强加给别人，并一直认为自己是正确的。因此，我们应该避免以自己的标准来要求他人，而是尊重他人的差异，以开放和包容的心态与他人相处。

《庄子》有云：“子非鱼，焉知鱼之乐？”不了解他人，就不要轻易下结论。深到骨子里的教养，就是从不随意改变他人。任何一件事从不同的角度切入，都会有不同的观点、认知、立场，甚至是截然相反的论断。许多时候，你自以为做出了公正的判断，其实往往都带有自己的主观色彩与利益诉求。

这个世界很丰富，可以容纳很多不同的想法，只要不伤害别人，就无所谓对错。偏执的人才会要求别人一定要认同自己的立场和观点。狭隘的人才会用自己单一的三观要求别人。

在这个世界上，没有完全相同的两片树叶。如果有，那也是相互包容、理解、尊重、欣赏的结果。一位画家做过一个实验：请人指出他的一幅画的缺点。结果被贬低得一无是处；第二天，他又请人指出同一幅画的优点，结果被夸上了天。因此他得出一个结论：永远有人欣赏你，也永远有人批评你。

在日常生活中，要学会尊重他人的立场，多从对方的角度考虑事情。即使对方的认识与自己不同，也应该给予尊重。正如法国启蒙思想家伏尔泰所说：“我不同意你的观点，但誓死捍卫你说话的权利。”每个人都有自己的生活取向和价值选择，不要做他人生活的审判者。挑战并试图强行改变他人的立场，注定会带来一场人际灾难。因此，我们应该尊重他人的差异，以开放和包容的心态与他人相处。

维护形象，拒做“讨好型”的人

在我们生活中，有很多人都希望别人评价自己是“好人”，有时候，为了过度追求好人形象，结果变成了一个活脱脱的“烂好人”。那么，什么是“烂好人”呢？简单来说，就是那些无原则、无底线追求好人形象，而忽视了自己真实感受和需要的人。

生而为人，做个好人无可厚非。但是，一味地对人好，没有底线的善良，并不会给你带来福报，很可能是灾难。这一点不但经过了现实的验证，在理论上也是有依据的。

美国社会心理学家哈罗德·西格尔曾做过一个研究，题目是“改宗的心理学效应”。通过这项研究，他发现：当某一个问题对一个人来说至关重要时，如果在这个问题上这个人能让一个“反对者”改变意见，而与他的观点保持一致，那他宁可要那个“反对者”，也不要一个同意者。

这个心理学效应告诉我们，在生活中，一些没有是非观念，也没有原则的“好好先生”，之所以常被人忽视，甚至被人瞧不起，是因为他们给人造成了一种“没有能力”的感觉。而那些敢于直言是非，勇于开展批评的人，反倒会让人觉得富有感染力，由此更容易得到人们的赏识。进一步说，做人一定要有是非观念，有原则，不能是非不分、随波逐流。

因此，我们要意识到自己的善良也应坚守底线和原则，不能无限制地牺牲自己的利益和需求。我们需要学会说“不”，保护自己的权益，同时也要尊重他人的需求和权利。只有这样，我们才能在这个复杂的社会中保护自己，同时也能得到他人的尊重和认可。

曾经在某一档综艺节目中，有一位嘉宾分享了自己的一个故事：

当她还在读小学的时候，由于身体较为肥胖，成绩也不太理想，每次上体育课都会遭到男生的嘲笑。她从来没有还击过，这种情况持续了相当长时间，对她的心理造成了不小的伤害，以至于她开始对上体育课产生恐惧和排斥。直到现在，她仍然对此心有余悸，甚至在别人面前做运动都会感到羞耻。

在节目中，她深情地说道：“如果我能穿越回到过去，我会告诉那个小小的自己，在被伤害的时候，一定要勇敢地反抗，不是为了打败嘲笑者，而是要向他们证明，我不是一个软弱的人。”

真正的善良是一种弥足珍贵的品质，但是如果善良没有长出“牙齿”来，那就是软弱。善良并不意味着软弱，张牙舞爪也不等同于毫无底线。善良的人从来不会主动伤害别人，但并不意味着就应该被伤害，必要的时候，也应该露出“獠牙”。

正如艾默生所说：“你的善良，必须有点锋芒，否则等于零。”善良的玫瑰，只有长出锋芒毕露的刺，才不会被随意蹂躏。长出锋芒不是一件难事，更不是一件坏事。至少，它可以成为我们坚硬的“铠甲”，不会让我们轻易受到伤害。

从前，有两户人家是邻居，平时关系不错。其中一家人因为能干，比较富有。有一年，天灾导致田中颗粒无收，穷人家没有了收成，只能躺着等死。

富人家买到了很多粮食，想着大家都是邻居，就给穷人家送去了一升米，救了急。熬过最艰苦的时刻后，穷人去感谢富人，谈及明年的种子还没有着落，富人慷慨地说："这样吧，我这里还有一些余粮，你拿去一斗吧。"

穷人千恩万谢后回到了家，他的兄弟却说："这一斗米能做什么？富人这么有钱，就应该多送我们一些粮食和钱，才给这么一点，真是坏得很。"后来，这些话传到了富人耳朵里，他非常生气，觉得穷人家又懒又不上进，还不知足。于是，本来关系不错的两家人，从此就成了冤家。

类似这种"升米恩，斗米仇"的故事在生活中并不多见，为什么会这样？施善的一方缺少锋芒、没有底线是一个重要原因。要知道欲壑难填，无条件、无原则、无底线的善良，一方面容易助长对方的贪欲，另一方面也会让人产生一种"理所应当""天经地义"的错觉。所以，善良一定要带有锋芒，一定要带有底线。正如网上说的那样："做一个外表有刺的人，才是成年人世界里最温柔的法则。"

做好人可以，但不可以做烂好人。为此，在面对他人的要求时，要学会理性地回应。

1. 从负面考察人性

鲁迅说："我向来不惮以最坏的恶意推测别人。"从负面考察人性，是用底线思维捍卫自己安全感的第一步，如此，我们才能知晓别人的底线在哪里，他们会恶到什么程度。

我们经常遇到人性的恶，包括贪婪、仇富、嫉妒等。从负面考察人性，是就预估的可能发生的最坏结果进行针对性的思考，进而制订详细的预案，避免在关键时刻头脑发热、盲目冲动，做出留下隐患的事情。

2. 确定自己的底线

确定底线，就是与过去的自己割裂，同时与外人保持距离感。也可以说，确定底线就是为自己确立几条不容触碰的底线，让它们成为你的人生法则。如此，可以让你脱离柔软，变得果敢，避免丧失原则性，长此以往坚持下去，便可以随心所欲不逾矩。

3. 告别行动“侏儒”

当受到伤害后，不要听之任之，“随他去吧”，甚至还跟阿 Q 一样自我安慰、自嘲，要痛定思痛，化“自我嘲解”为“积极回应”。每天可以对照镜子进行训练，设想对面是让你最反感的人，冷静而认真地告诉对方你的感受，让他明白已经对你造成了伤害。真正拒绝时，不要用责骂和暴力，遇到极端情况可以直接采用法律手段。

做一个好人，值得肯定，但千万别让自己的善良失了尺度。电影《教父》中有一句话：“没有边界的心软，只会让对方得寸进尺；毫无原则的仁慈，只会让对方为所欲为。”生活的意义，从来就不是妥协和忍让。如果不能用善良开出一朵花，那就让其身上长满刺。

第七章
职场中的美商

在职场中，审美不仅是一种艺术，也是一种能力。不断提升自己的美商，有助于我们更好地展示个人形象，理解他人的情感，建立良好的人际关系，提高工作效率，实现个人梦想。

美商是新型的职场竞争力

美商不仅仅是欣赏美丽事物的能力，也是一种对美的敏感和判断力。随着科技和互联网的不断发展，美商正逐渐成为一个人的核心竞争力。拥有美商已经成为很多行业招聘员工的重要标准之一。正如美学家蒋勋曾说：“一个人审美水平的高低，决定了他的竞争力水平。因为审美不仅代表着整体思维，也代表着细节思维。给孩子最好的礼物，就是培养他的审美力。”

特别是在职场，美商已经成为一种不可或缺的素养，它不但直接体现了一个人的职业形象，还影响其职业水平和发展空间。

在一个早晨，小杨匆匆忙忙地走进办公室。她刚刚晋升为主管，需要处理许多紧急任务。然而，她的心情并不轻松。她发现自己很难在众人面前展现出自信和魅力。很多人都看出了她的困惑，建议她去参加一个形象塑造课程，提高自己的美商。小杨对此有些犹豫，但最终还是决定尝试一下。

在形象塑造课程中，她学会了如何选择适合自己的服装、妆容和发型，学会了如何通过锻炼和饮食来保持健美的身材。此外，她也开始关注魅力的提升，不断提高自己的情商和沟通技巧。

三个月后，她整个人都发生了巨大的变化，变得更加自信，更有气质。她的形象得到了同事们的赞誉和认可。更重要的是，她的工作绩效直线上升。因为形象出众，能力过人，所以，公司决定重点培养她。半年后，她被晋升为部门经理。

在这个过程中，小杨体会到了美商对于职场人士的重要性。她发现，美商不仅仅是外在的表现，更是一种自我管理和自我提升的能力。这种能力能够帮助个人在职场中脱颖而出，成为更加优秀的职场人士。

不可否认，美商正在成为新型的职场竞争力。原因主要有以下几点。

1. 美商决定了职业形象

在当今的求职市场上，外在形象和面试表现对于求职者来说是非常重要的。一份调查显示，有超过 60% 的面试官会优先考虑外在形象好的求职者。同时，如果求职者在面试中能够展现出自己的内在美，那么他们就会更加受到面试官的青睐。因此，拥有较高美商的求职者往往更容易在求职市场上脱颖而出。

美商高的人通常更注重自己的形象和职业素养，他们能够在职场中更好地展现自己的能力和价值，从而获得更多的机会和成功。例如，一位具有较高美商的面试者，他可以通过自己的仪表和谈吐给面试官留下深刻的印象，从而更容易获得录用的机会。

无论你是否愿意承认，我们都得面对这样一个事实：人们往往会根据外表来判断一个人的能力和专业素养。如果我们在穿着上没有足够的审美能力，很容易给人留下不专业的印象。一件过时的衣服可能会让人觉得我们不够时尚，缺乏对时代潮流的敏感度。而一身精心搭配的服装则可以让我们看起来更加专业和有自信。所以，拥有良好的审美能力可以帮助我们在职场中树立积极的形象，提升我们的竞争力。

2. 美商影响客户关系

在职场上，一个拥有高美商的人，除了容易获得同事和上司的认可和尊重，也容易赢得客户的信赖。平时，我们要与不同的客户打交道，我们的审美能力可以帮助我们更好地理解和适应不同客户的喜好和风格。如果在与客户交流时，能够准确地把握他们的审美偏好，便能更好地满足他们的需求，从而赢得他们的信任和合作。如果我们对审美没有敏感度，可能不会发现客户的审美心理与偏好，从而错过深化关系的机会。因此，提高自己的审美能力，对于职业发展来说是非常重要的一步。

3. 美商左右创新能力

在现代职场中，创新是非常重要的竞争力。而审美能力可以帮助我们更好地理解和欣赏不同的艺术形式和文化风格，从而激发我们的创造力和想象力。

一个拥有良好审美能力的人，往往能够从琐碎的日常生活中捕捉到美，从微小的细节中发现隐藏的创新点。他们能够用独特的视角去审视问题，并给出新颖的解决方案。他们懂得灵活运用各种艺术元素和设计原则，将美感融入产品和解决方案的每个细节。他们的创新和想象力不断被激发，因为他们能够通过观察和感受来领悟艺术品的精髓，从中汲取灵感，进而创造出独一无二的作品。这些创新的作品和解决方案，将会在竞争激烈的职场中成为一道亮丽的风景线，一个对审美毫无感觉的人，在职场中可能会渐渐失去自己的创新能力和竞争力。他们无法欣赏和理解艺术的魅力和文化的内涵，对于美的追求和表达也变得苍白无力。他们陷入思维定式，难以跳出传统的框架，只能局限于眼前的问题和解决方式。他们难以提出独特的想法，更难将其转化为创新的产品和解决方案。在竞争激烈的市场中，他们很快就会被其他有创新能力的同行所取代。

美商不仅代表着外在形象，更代表着一个人的内在修养和能力。一个注重内在形象和提高自己美商的员工，往往会更容易获得上司的信任和认可，更容易获得晋升和加薪的机会。因此，我们应该不断提升自己的审美能力，注重个人形象的塑造，成为职场中备受瞩目的佼佼者。

好形象有时比能力更重要

第一印象很大程度上决定了我们对他的认知，这就是第一印象的重要性被反复强调的原因。无论是面试工作还是结交新朋友，我们都希望能给人留下良好的第一印象。所以，很多人更在意外表和形象修饰。

打一个比方，如果你心地善良、知识渊博，但穿着破旧的衣服行走在大街上，可能会被路人当作流浪者。如果你穿着光鲜亮丽，别人很可能高看你一眼。当然，这并不意味着形象比能力更重要。

真正优秀的人往往是先注重能力的培养，在此基础上，再塑造自己的形象。他们善于利用形象来吸引人们的注意力，同时通过实际行动证明自己的实力。形象有助于引起别人的兴趣，但只有真正的实力才能够让人们对你刮目相看。

这是不是说，当我们资历平平、能力不足时，就不需要塑造个人形象呢？当然不是。不管是在职场还是生活中，良好的形象往往会给我们带来更多的机会。

假设有两个年轻人同时应聘一份理想的工作，他们拥有相同的能力和经验。其中一个人在面试的时候穿着得体，仪表整洁，面带微笑，展现出自信和专业的态度；而另一个人则衣着随意，面容严肃，给人一种不修边幅的感觉。

人事经理肯定会注意这两个人的外在形象，并对他们的职业素养和工作态度留下第一印象。第一个应聘者的良好形象会让面试官对他有更多的好感和信任，而更有可能给他提供更多的机会。因为一个人的形象展现了他做事细致和对工作的重视程度。由此可见个人形象的重要性。

假如你是一家公司的销售经理，你要与一个潜在客户洽谈合作。在洽谈会上，你形象得体，谈吐优雅，展现出自信和专业的素养。那一定会给客户留下美好的印象，从而增加双方合作的机会。

从这个意义上，个人形象不但重要，而且要走在能力的前面。原因主要有这么几点。

1. 好形象容易产生“光环效应”

许多时候，他人都是先通过你的外在形象，形成对你的初步印象，然后才会决定要不要进一步了解你，或是评估你的个人能力。

很多古话反映出了人们内心深处对美的渴望和追求。这也是为什么在现实生活中，我们更关注和青睐长相出众的人。无论是寻找工作、寻找对象，与客户进行谈判，购买或销售商品，我们总是不可避免地倾向于选择外表与颜值出众的人。这种现象在社会心理学中被称为“光环效应”，即人们对于外貌漂亮、帅气的个体产生一种莫名的好感或正面印象。这种现象源于人类的本性和心理需求，同时也成为许多人追逐成功的捷径。

2. 美与成功之间的关系越来越紧密

无论是传媒，还是广告行业，都时刻宣扬外貌的重要性。在电视剧、广告、杂志、自媒体等媒介中，美女和帅哥总会吸引更多的眼球。毕竟，每个人都不会排斥美貌带来的审美享受。而美颜相机的广泛使用更是将美貌的追求推向了高潮。现在的市场中，美颜相机所占据的份额相较于其他摄影软件远远超出预期，这也再次印证了人们对美的追求程度的加深。

当然，美貌并非人们衡量他人价值的唯一标准。虽然外貌有助于人们获得成功，但真正的价值并非只有外表的光环。人们应该更加关注个体的内在素质和能力，而不仅仅局限于外貌条件。美貌只是成功路上的一张王牌，而其他因素如努力、才干以及人品更重要。

3. 好形象代表个人品位和价值观

认真对待自身形象的人通常也更注重自己的内在修养。他们通过整洁的仪表、得体的仪态、大方的举止等方面彰显出自己高尚的品位和良好的道德修养。人们在与他们交往时，往往能够感受到一种积极向上的能量，同时也借此感知他们的能力。通过重视形象，一个人能够培养良好的生活习惯和健康的生活态度。例如，他们会注重饮食、锻炼、仪表仪态等方面的素养，以保持良好的体魄和外貌形象。此外，他们也会注重个人修养和自我提升，努力提高自己的综合素质和能力水平。而这些努力将会成为他们通往成功的阶梯，不仅在职场上能够得到同事和上司的认可，而且能够在日常生活中赢得更多人的尊重和喜爱。

在这个快节奏的社会中，时间就像一只不知疲倦的小鸟，飞逝而过。尤其是在面对陌生人时，我们只有短短的几分钟时间向对方展示自己。唯有在这有限的时间内，给人留下深刻而难忘的印象，才有可能为自己争取到更多的机会。所以，一定要提升自己的形象，毕竟，没有人愿意透过连你自己都不注重的外在去发现你的内在美！

工作中请保持礼仪

不论是与朋友聚会，还是与陌生人不期而遇，我们都会用一句“您好”传达对对方的尊敬和友好。早上进入公司时，我们会礼貌地向同事们打招呼，用一句“早上好”开启这一天的工作。

有人可能不理解，为什么我们现在对礼仪那么重视，觉得那一套动作很烦琐。其实，并不是这样的，礼仪是一种仪式，行使礼仪是一种仪式感的体现。

无论在生活还是工作中，有些人不注重礼仪，其中一个重要原因是欠缺审美力。人们追求美的仪表、美的装饰，更追求美的语言、美的行为，如果你认为的美是大多数人所摒弃的，甚至有违公序良俗的，那这种审美多半是有问题的，至少我们要打一个大大的问号。

比如，有些人在吃饭时，会发出一些奇怪的声音，或是咂嘴声，或是发出“嗝”的声音，或是时不时敲碗敲筷子……这是一种不良的餐桌礼仪。但是，他们自己觉得吃饭发出点声音没什么，是别人大惊小怪。这样一来，看似是一个礼仪问题，实则是一个审美问题。

事实也是如此，在工作或生活中，那些缺乏审美力的人，往往也缺乏礼仪感。你可以看到他们随意地穿着拖鞋走进正式场合，或者大声嚷嚷着说话，毫不在意周围人的感受。他们对于言行举止的规范似乎没有什么概念，总是让人感觉到不舒服。

有一位大学教授在演讲时，提到一种现象：很多大学生毕业时，穿着大裤衩，穿一双拖鞋，露出带毛的大腿，披着庄严而神圣的学士服满校园跑。他认为，这种行为不美，是对大学和知识的不尊重，也是对学士服的不尊重。

为什么这样说？因为大学生的内心缺少一种礼仪感。他们很随意地对待一件庄重的服装，这其实就是缺乏礼仪感的表现。

礼仪不仅是我们自身修养和素质的一种体现，也是我们骨子里对文化和艺术的传承，仪式可以让我们专注于一种文化，那么礼仪也就成了这些仪式的一种载体。通过一些礼节，我们可以明确表达对于他人的尊重、对事物的重视。

例如，生活中我们非常重视的茶礼文化，请别人喝茶，我们会遵循一系列复杂的礼仪，包括时间的控制、流程的安排、动作的要求等。这时可能就会有人说“就是喝个茶嘛，哪有那么多要注意的细节”，但正是这些细节，体现了我们对喝茶这种文化的理解，也是我们对客人的重视。

那在职场中，如何培养个人礼仪呢？

1. 良好的仪表形象

穿着得体、整洁干净的衣服让你显得更有信心和专业。注意言谈举止的得体，避免过度使用俚语或粗鲁的语言，以免给他人留下不好的印象。时刻保持笑容和善意的沟通也是必要的，它能够让人感受到你的友善和热情。

2. 注意与他人的相处之道

尊重他人的意见和感受是建立良好职场关系的基础。不要随意干预他人的事务，尊重他人的个人空间和隐私。在与同事交流时，要注意倾听和尊重对方的观点，避免中断或抬高自己的声音。如果你在职场上遇到了冲突或分歧，要学会以友善和冷静的方式解决，避免争吵和冲突的发生。

3. 学会关怀他人

在职场上，互相关心和支持是非常重要的。关注他人的需要和困难，也是必不可少的，这不仅能营造积极的工作氛围，还能增强团队的凝聚力。

4. 懂得尊重职场文化和规则

每个公司或团队都有自己独特的文化和规定，作为职场人士，要遵守和适应这些规则。尊重上级的权威和决策，并且按照公司的规定履行职责和义务。遵循职场礼仪也包括时间上的准时和守时，不要迟到或早退。这能够展示你的责任感和专业度，得到他人的认可与尊重。

总之，拥有良好的礼仪感是在职场中赢得成功的一部分。通过细心的仪表形象、友善的沟通相处、关心他人和遵守规定，我们可以营造一个和谐而积极的工作环境。相信只有在这样的环境中，我们才能充分发挥自己的潜力并取得更大的成就。以礼仪感为基础，让我们在职场中展现出最好的自己！

状态好，形象也不会差

先让我们来看看一个上班族的一天吧。

早上醒来，发现自己还在被窝里，而闹钟已经响了好几遍了。于是，匆匆忙忙地起床，洗漱完毕后，发现自己衣柜里的衣服全部是脏的，只好匆忙地找了一件看起来还算干净的衣服穿上。然后，我们赶紧吃了一口早餐，拿起包就冲出了家门。

到了公司，我们发现自己的办公桌上已经堆满了文件和任务。坐下后，准备开始工作，却发现自己的电脑又卡了。于是，我们拿起电话，打给信息支持部门，却被告知他们正在处理其他紧急情况，没办法立即帮我们解决问题。这时候，我们只能无奈等待，看着时间一分一秒地过去。

终于，电脑恢复正常了，我们开始认真地处理手头的工作。但是，正当我们投入工作的时候，突然听到了一阵巨大的噪声。原来，外面一些工程正在施工……

一上午的工作，小插曲有很多，很难让人保持好的精神状态。

你是不是也经常有这样的体验，感觉自己在工作中没有精神，没有状态，总是提不起劲儿。不用担心，并不是只有你一个人这样！这也是很多人工作的真实写照。

如果一个人的精神状态不佳，他们的职业形象就会受到影响。他们可能会表现出消沉、压抑、疲惫的情绪，缺乏动力和积极性。这样的情绪态度会影响他们的工作效率和质量。他们可能会感到不满和焦虑，无法有效地与同事们进行沟通和合作。这种负面的态度不仅会影响团队内部的精神风貌，精神状态不佳还会影响职业人士的形象展示。他们可能会在工作中出现不专注、工作疏忽等问题，给他人留下工作不尽责的印象。他们的决策能力和领导能力也会受到限制，因为他们无法全神贯注地思考和分析问题。总之，如果一个人没有良好的精神状态，容易给人留下懒散、不负责任的印象。

一个拥有良好精神状态的职业人士会展现出积极向上的态度，他们会感到充满动力和热情，并且能够应对挑战和压力。这种积极的态度会感染他们周围的人，并促进团队的凝聚力和合作关系。他们能够更好地处理工作中的问题和难题，能够找出有效的解决方案并迅速采取行动。他们的决策能力和领导能力也会因为精神状态良好而得到提升。这样的职业人士通常能够更好地应对工作中的变化和挑战，勇于尝试新的方法和思路。

那如何在工作中保持良好的精神状态呢?

1. 把工作看作一种责任，而不是一种负担

如果把工作看成是一种负担，我们会感到沮丧和疲惫。如果把工作看成是一种责任，我们就会感到充实和有动力。所以，无论你是做什么工作，都要记住，你是在为自己和他人创造价值，而不是为了完成任务而苦恼。

2. 学会在工作中寻找乐趣

工作并不一定是无聊和枯燥的，只要我们用心去发现，就会发现工作中的乐趣无处不在。比如，可以尝试和同事们开展一些有趣的团队活动，或者在工作中加入一些有趣的元素，让自己感到愉快和兴奋。记住，工作不仅是为了赚钱，也是为了让我们的生活更加有趣和有意义。

3. 学会放松自己

在工作中，不能忽视自己的身心健康。如果你一直处于紧张状态，没有时间放松和休息，那么很容易感到疲惫和无精打采。所以，要给自己一些时间来放松和恢复精力。可以尝试一些运动、听音乐或者与朋友聚会，这些都是放松的好方法。记住，只有在放松的状态下，我们才能保持好的精神状态，更好地应对工作中的挑战。

4. 学会积极面对工作中的困难

工作中难免会遇到一些挫折和困难，但是我们不能因此失去信心和动力。相反，我们应该把困难看作是成长和进步的机会。只有积极面对困难，我们才能找到解决问题的办法，提高自己的能力和技能。所以，无论遇到什么困难，都要坚持下去，相信自己一定能够克服困难，取得成功。

除了运用上述方法保持状态外，还可以通过锻炼身体、培养爱好、与朋友交流等方式调整自己。同时，也要学会调整自己的思维方式，保持积极的态度和乐观的心态，相信自己有能力克服困难和取得成功。只有保持良好的精神状态，才能真正展现出专业的职业形象，达到事业上的成功。

建立职业权威感，让美商来助力

不论在生活还是工作中，我们总是倾向于相信权威。当我们遇到一个被认为具有专业知识和一定权威的人，自然而然地倾向于信任和尊重他们的观点和建议。

比如，你有些头痛，朋友劝你多喝水，多休息，你未必听得进去，即使他说得对，你也觉得在理，你还是想跑去看医生。在医生面前，我们很少会质疑，为什么？因为你对医生的专业知识和经验抱有信任。医生经过长时间的学习和培训，具备丰富的医学知识和实践经验。病人相信医生有能力为他们提供正确的诊断和治疗方案。因此，你愿意听从医生的建议和指导。

信服权威可以让我们感到安全和舒适。人类在面对未知和不确定性时往往感到不安，并希望找到一种方式来解决问题或获得指导。信服权威就是一种能够提供这种安全感的方法。我们相信权威的观点和建议，因为我们认为他们已经经历过类似的问题并且能够为我们提供正确的答案。

可见，在职场中拥有一定的权威感非常重要，它可以帮助我们在职场中建立良好的声誉和形象，提升我们的职业水平。的确，我们经常遇到这样的人，不论在商务会议上、演讲讲台上，还是社交场合中，他们都能够吸引别人的目光，并且能够从容地展现职业自信。为什么呢？因为职业权威。

在一些特定的职业领域中，职业权威不但会给人带来信服感，而且对大众审美有着重要的影响。例如，在艺术领域，权威的艺术家或艺术评论家往往具有较高的审美能力和评价标准，他们的观点和评价往往能够影响公众对艺术的认知和接受度。在建筑设计领域，建筑师和设计师的权威也与他们的审美能力密切相关，他们的设计作品往往能够影响公众的审美取向。

那在工作中，如何建立自己的职业权威感呢？关键把握好三个方面。

1. 外在形象

虽然外貌并不是衡量一个人是否拥有职业权威感的唯一标准，但不可否认，有魅力的外貌和得体的穿着打扮可以让他人更容易接受其观点和建议。

那些给人留下职业权威感的人，往往会在形象设计上花一些心思。他们穿着干净整齐，衣着风格与其从事的领域相符合。比如，我们很少会看到一个企业家，或是某个领域的专家穿着带洞的时尚牛仔裤、花里胡哨的衬衣、休闲洞洞鞋等出席正式场合。通常，他们会因场合不同，选择相应的服装，如果是正式一点的场合，偏向于穿西装、领带和优质的皮鞋，从而展示对自己职业的严肃态度。

除此之外，他们也比较注意自己的行为举止与语言表达能力。比如，有时候会通俗地说一些问题，有时会引用一些专业术语。

2. 知识储备

这一点对于职业权威感的建立至关重要。那些看上去具有职业权威感的人往往对自己的领域有着深入的研究和广泛的经验。他们持续不断地学习、更新自己的知识，并且能够将自己的专业知识融入与他人的交流中。这使其能够以一种自信的方式解答问题，给予指导和建议。这种深入的专业知识也使他们能够在职业领域中表现出卓越的能力，进而赢得他人的尊重和信任。

在生活中，如果你有机会向这样的人请教，通常他们会给出有理有据的回答，很少使用“可能”“也许”“大概”“差不多”这样的字眼。这是因为他们在相关领域有丰富的经验和知识储备，对一些常人看来比较复杂的问题能够进行清晰地解读，这无疑使他们看上去更具职业权威感。

3. 社交技巧

无论在什么领域，人与人之间的沟通和交流都是必不可少的。拥有良好的社交技巧不仅能够帮助我们与他人建立良好的关系，还有助于展示自己的职业能力和权威感。

一个具有职业权威感的人，通常能够与听众或者合作伙伴建立良好的合作关系。他们善于倾听他人的观点，有能力以一种尊重和理解的态度与他人进行有效沟通。他们能够给予他人适当的支持和鼓励，帮助别人找到解决问题的方法。这些积极而亲切的交流方式使得他们能够引导他人，赢得尊重，并且在各种社交场合中脱颖而出。

除此之外，要积极参与行业组织和社交活动，多与同行、客户或潜在合作伙伴进行积极的沟通交流，交换意见和经验，这样不仅有机会向他人展示自己的专业能力和影响力，也有助于加深对相应领域的理解。

4. 个人品牌

在当代社会，互联网和社交媒体成为人们获取信息的主要渠道。对于想要建立职业权威的人来说，充分利用这些平台来打造个人品牌是必不可少的。在职场中建立个人品牌是建立职业权威感的关键。怎么建立个人品牌呢？可以通过展示自己的专业知识和经验、参与行业讨论和演讲、撰写专业文章等，这些都有助于建立自己在行业中的声誉和影响力。

在这个多元化和信息爆炸的时代，建立职业权威对个人发展具有重要意义。当我们被视为权威人士时，我们的声音和观点往往会被更广泛地听取并采纳，理念和价值更容易得到认可和实现，这都会给自己的职业生涯带来更多的发展机会。

打造专业形象，提高辨识度

现在生活节奏越来越快，竞争也越来越激烈，每个人都必须想方设法脱颖而出。

每个职业都有其职业属性，良好的职业形象是精神和心灵上的双重肯定。当我们乘坐飞机时，看到空姐们的微笑和周到的服务，会让我们劳累的旅途倍感轻松；当我们到医院看病，医生不仅可以帮我们解除生理上的病痛，还会给我们带来心灵的慰藉。试想一下，当我们看到穿戴不整齐的空乘人员，或者邋遢的服务生，我们还会让他们为我们服务或者信任他们的专业度吗？

同样的道理，如果你是一家公司的负责人，正在寻找一位新的合作伙伴。你会选择一个看起来不怎么靠谱，还是一个比较专业的人呢？当然是后者！

张先生是一位从其他行业转型到金融行业的专业人士。在转型过程中，他注重打造自己的专业形象。首先，他选择了适合自己的社交媒体平台，并分享自己的经验和见解。同时，他还积极参与行业内的活动，加入相关的组织、联盟，拓展自己的人脉和职业圈子。在简历和名片上，他注重简洁明了、结构清晰、内容充实，展现了专业能力和经验。最后，他也注意穿着得体，选择质地优良、剪裁合体的服装和配饰，保持整洁大方的仪容仪表。经过一段时间的努力，张先生成功转型到金融行业，并获得了更多的职业机会和资源。

由此可以看出，打造专业形象和提高辨识度的重要性。作为普通的职场人，该如何打造专业形象呢？

1. 着装要符合“三原则”

不同职业有不同职业的着装，代表其工作属性、专业程度等，职业着装主要有三点原则：适宜原则 、TPO 原则、个性原则。

适宜原则：即整体形象符合其职业属性，不跳跃，不张扬，整体形象和谐统一。

TPO 原则：即时间、地点、场合。在时间方面，不同的时段应有不同的着装；在地点上，不同的地点应当选择对应的着装，比如在家里迎接客人，和出门拜访客户要有不同考虑；在场合方面，如宴会中要着晚礼服，在会议时应以职业装为主。

个性原则：性格、年龄、身材、气质等要与着装相吻合，即通过着装反映一个人的个性特征。在这方面，关键把握两点。一是不要盲目赶时髦，最时髦的往往没有生命力，会让人感觉非常不职业，形象下降一个层次。二是要穿出自己的个性，没有两片相同的叶子，个人应依据年龄、性格、职业、气质进行选择，服饰应符合个人气质，彰显风采。

2. 个人形象要与审美相结合

打造专业形象需要与审美相结合。审美可以帮助人们判断什么是美的，什么是不美的，从而在形象塑造中避免出现不协调或不得体的形象。例如，在商业场合，职业装通常要求简洁、大方、得体，如果过于花哨或过于随意，就可能会给人不专业、不重视工作等不良印象。

此外，审美也能够帮助人们更好地打造自己的形象。例如，在选择服装、发型、配饰等方面，审美能够帮助人们更好地搭配，展现出更好的形象。同时，审美也能够帮助人们更好地理解色彩、线条、比例等设计元素，从而更好地运用在形象塑造中。

所以，良好的审美能力对于打造专业形象十分重要。通过不断提高自己的审美能力，可以更好地塑造自己的形象，增强自己的自信心和魅力，从而更好地在职场中展现自己的价值。

假如你是一名设计师，需要打造一种专业的形象，让人感受到你的专业和审美水平，可以这么做：首先，穿着得体、言谈举止自信从容，让客户感受到你的专业性和可信度；其次，可以在办公室或工作台上摆放一些有设计感的装饰物，如现代艺术作品或绿色植物，以展现你对美的追求。最后，在展示自己的设计作品时，最好选择高质量的图片和精美的排版，以展现自己对设计的审美和细节的关注。

3. 提升专业能力

专业的知识和技能是建立专业形象的基础。不断提升自己的专业能力，需要把握好以下三点。

（1）要了解自己所处领域的最新动态和趋势。随着科技的迅速发展和社会的不断变革，各行各业都在不断更新和演变。只有紧跟时代的步伐，不断学习和了解最新的知识和技术，才能保持在行业中的竞争力。通过参加行业研讨会、培训班等活动，与同行交流，不仅能够增加专业知识的广度和深度，还能了解行业的前沿发展趋势，有助于提高个人在行业内的话语权和影响力。

（2）展现自己的专业素养和进取心。专业素养包括严谨的工作作风、专业的技能运用、精湛的业务能力等。只有将专业知识转化为实际操作能力，才能在职场上脱颖而出。另外，进取心也是提升专业形象不可或缺的因素。拥有进取心的人，总是充满激情和动力，具有不断学习和进步的意识。

（3）成为专家或领袖人物。这是建立专业形象的最高境界。成为专家意味着在某个领域拥有非常高的专业能力和造诣，被业界广泛认可和尊重，而且能够获得更多的职业机会和资源，树立良好的形象品牌。

4. 使用专业名片和标志

在网络时代，设计精美的名片和公司标志，有助于他人记住你的职业和你的企业。例如，你是一位市场营销专家，你可以设计一张独特而富有创意的名片，上面印有你的联系方式和个人专长。这样，当你与潜在客户交流时，他们会更容易记住你，并且在需要时能够快速找到你的联系方式。

5. 使用真实的头像

头像是在网络上建立专业形象的重要元素之一。一个清晰、真实、专业的头像能够给人留下良好的第一印象，提高自己的辨识度。例如，在一些职业社交平台上，一个好的头像能够增加用户的点击率和关注度，帮助用户拓展人脉和职业机会。

6. 在社交媒体上建立专业形象

社交媒体已经成为现代社会中不可或缺的一部分，也是职场中建立专业形象的重要平台之一。利用社交媒体平台可展示自己的专业能力和经验，分享行业动态和见解，提升自己在行业内的知名度。在社交媒体上，需要注意以下几点。

（1）要选择适合自己的平台。根据自己的职业领域和目标受众，选择适合自己的社交媒体平台。

（2）发布高质量的内容。发布高质量的内容是建立专业形象的关键。内容可以是文章、图片、视频等形式的分享，注意保持原创性、价值性、趣味性，以吸引更多的关注和转发。如果您是一位厨师，在社交媒体上分享您的烹饪技巧和独特的食谱，定期发布相关内容，会吸引更多的用户关注，提高您在厨师界的知名度。

（3）多与他人互动。社交媒体是一个互动的平台，通过回复他人、参与讨论、分享见解等行为可以扩大自己的影响力，建立更广泛的社交圈子。

通过上述方法，可以快速、高效地打造自己的专业形象，提高个人辨识度。特别是职场新人，给自己树立良好的专业形象，是给上司留下好印象、与同事相处融洽、跟客户建立联系、同商务伙伴亲密合作的第一步。

第八章
生活与美商的结合

审美不仅是生活的一部分，更是一种思维方式。它影响着我们对生活的态度和对自身的价值判断，它给予我们感受、寻找、创造美的能力，让我们在美的田园里获得内心的宁静与安宁，让我们平凡的生活变得更充实、有意义。

视生活为一种艺术

对于多数人来说，生活只是一种日复一日的循环，一段平淡无奇的过程。然而，有一些人选择以不同的方式看待生活，将其视为一种艺术、一幅永恒的画卷。在他们看来，世界并非只是日常琐事的堆砌，而是充满了无限的美好与可能。他们每天找寻生活中的美好瞬间，用心品味每个细节，并从中汲取灵感和满足感。

在现代社会中，忙碌成了我们的常态。我们追逐着时间，追赶着自己的脚步，却很少停下来用心生活。我们的存在，并非只是为了赶路。从现在起，就将生活视为艺术吧。这样，我们才能领略世界之美，才能静下心来体验当下的宁静与平衡。

1. 用心体验生活

生活，是一场没有尽头的旅程。在这个多姿多彩的世界中，我们应该用心去体验，去感受那些细小而珍贵的瞬间。每一天，每一刻，都是独一无二的，而我们则是这段时光的主人。

用心体验生活是一种态度，一种对自己和周围世界的关注。它远非简单地流于表面，而是需要真正去感受和理解。我们可以静心融入大自然的怀抱，在清晨的阳光下感受微风轻拂面颊的温度，聆听鸟儿歌唱的欢愉。也可以慢慢品味一杯咖啡的苦涩和芬芳，感受它在舌尖上的喜悦。生活中，处处皆是美好，只待我们用心去发现。

2. 享受眼前的美好

在忙碌的生活中，我们常常忽略了眼前的美好。每天早晨，当太阳慢慢升起，洒下温暖的阳光，照亮大地的时候，我们是否曾停下脚步，感受这美好的瞬间？阳光透过树叶间的缝隙，投下斑驳的光影，仿佛在诉说着大自然的魅力。身处嘈杂喧闹的城市，我们也能发现美好的存在。从不同的角度去观察，你会惊讶于城市的多样性和独特之处。那些繁华的街道，五颜六色的霓虹灯，都展现了城市独有的魅力。

平时，我们应该懂得享受一些小事情带来的美好。或许是一杯热气腾腾的咖啡，或者是一本引人入胜的书。这些微小的欢愉，可以让我们转移注意力，暂时远离压力和烦扰，沉浸在片刻的宁静和满足中。我们也可以尝试参与一些有意义的活动，无论是旅行、户外运动，还是参观博物馆，都能带给我们身心的放松和愉悦。

在忙碌的工作之余，也应该保持对艺术的关注。艺术无处不在，它可以是一段动人的音乐、一幅绘画作品，或者一部电影。进入艺术的世界，感受艺术家的情感和创造力。与艺术作品的交流，不仅可以让我们获得不同的审美享受，还可以激发我们自己内心深处的灵感和想象力。

总之，享受眼前的美好是一种积极的生活态度。在忙碌的生活中，我们也要保持一种开放的心态，敏锐地观察和感受身边的一切，才能真正体验到生活的美妙。

3. 在平凡中发现不平凡

在平凡的日常生活中，人们往往追求不平凡的经历和精彩的故事。然而，很多时候，我们忽视了平凡中蕴含的不平凡之美。追求不平凡并非一定要拥有丰富的物质和曲折的经历。只需要我们放慢脚步，静下心来，感受平凡中蕴含的美好和独特。当我们用一颗宽容和感恩的心去发现平凡中的每一个细节时，我们会发现自己的人生变得更加丰富多彩。

在平凡中发现不平凡，是一种心灵的修行。它让我们认识到生活中的一草一木都拥有无穷的可能性。所以，当我们深入细致地观察和感受平凡中的不平凡，我们会发现自己的心灵得到了滋养，生活变得更加美好而有意义。无论走到哪里，我们都能够在平凡中寻找不平凡，发现生活中那些被忽略的细节和美好。让我们用一颗平凡的心，去发现那些被掩埋的不平凡之美，让每一个日常都成为一段惊喜的旅程。

4. 用心灵书写生活的诗篇

每一个人都可以成为诗人，用心灵抒写充满激情的生活诗篇。生活就像一本诗集，其中记录着我们的欢乐、悲伤、挫折和胜利。在这诗篇中，我们抒发着自己的情感，深深体味着生命的美妙。

当我们用心灵抒写生活的诗篇时，每一天都变得如此独特而充实。我们轻轻地放飞自己的思绪，让灵感在我们的内心涌动。或许是在丛林中观察到一片羽毛轻盈地飘落，或是在傍晚的海边迎接那金黄色的夕阳，又或是在繁星点点的夜空下对自己的生活进行反思。这些瞬间，就像是一幅幅画作，我们以文字为颜料，细腻地描绘出这些美丽的瞬间。

生活的诗篇不只是我们内心的宝藏，也是我们与世界分享的礼物。当我们用心书写生活的诗篇时，沉浸其中，即便是寂寞的黑夜也变得明亮而绚丽。无论是翻开一页，还是细细品读其中的每个字句，这些诗篇都将温暖我们的心灵，唤醒我们对生活的热情和独特的感悟。细数这些用心灵抒写的生活诗篇，我们能看到岁月在翻开的一页一页中流转，我们能感受到生命在诗篇中跳跃。

总而言之，一个懂得审美的人，并不满足于只过平淡的生活。他将生活演绎成一部丰富多彩的艺术作品，为每个瞬间赋予美的价值与意义。他深知生活中的美好无处不在，只要我们用心感受和领悟。因此，他不只是在生存，而是在真正地生活。

不将就，提升生活质感

在这个物欲纵横的时代，人们的消费欲望越来越高：必需品、非必需品、奢侈品……很多人购物做选择时，不论价格，只讲喜好。看似在囤积物件，其实是在放纵物欲。这样的行为，不仅加重了经济负担，生活质量也随之降低。

他们天然地认为，生活的好坏与物质息息相关，物质的多少能决定一个人的生活品质。其实不然，过有质感的生活，并非过追求物质享受的生活。正如作家王小波说："一个人只有今生今世是不够的，他还应当有诗意的世界。人应该学会生活，而不仅仅是生存。"

过有质感的生活，就是在态度上不将就，在物质上戒掉多余的欲望，在精神上追求本真和更多美好。

陈大咖初到北京时，过着北漂生活，生活十分拮据，只能住在地下室。每天一大早，她得从城郊挤地铁前往城中心区上班；晚上下班后，再挤地铁回到地下室。

她的地下室紧邻地铁隧道，每次地铁经过时，都会引起剧烈的震动，仿佛整个地面都要崩塌一样。房东告诉她："别担心，大家都一样。"

她的房间只有一个窗户，窗外是一条熙熙攘攘的步行街。如果人们低头看，或许能透过这扇小窗户看到里面的陈大咖。

陈大咖就靠这扇小窗户透进来的阳光过活。

刚搬进这个十几平方米的地下室时，里面堆满了杂物，散发出一股霉臭味。陈大咖曾想放弃租住这里，但考虑到自己的经济状况，还是决定把这个地方收拾一下。

一个月后，陈大咖在墙壁上贴了壁纸，地板上贴了地板贴，连窗户都仔细用油漆刷过。这个十几平方米的空间焕然一新，从外面看，甚至会误以为他住的是一家民宿。

她在小窗口边养了一盆多肉植物，每天都精心照顾，期待着它长大，展现出生命的活力。陈大咖说："我并不是喜欢折腾，只是对自己有些要求。"

因为不想变得邋遢，不想变得油腻，不想让自己的生活变得麻木，不想让自己的住处变成杂乱无章的地方，因此他做出了改变。

生活的本质，其实就是对自己有所要求。学会活出自己的态度，无论身处何种环境，都要过得精致一点，再精致一点。人们常说，一个人的卧室可以看出他的人生。无论贫穷或富有，一个干净整洁、令人感到舒适的人总是受欢迎的。

之所以讲这个故事，是想告诉大家，缺乏审美力的人，没有生活态度，更没有生活的质感。看一看，你身边有这样的人吗？无论住什么样的房间，他们都会把房间弄得很糟；无论穿什么样的衣物，最终衣物都会很脏。即便给他们再多的钱，再丰富的物质，他们也过不好自己的生活。一个能允许自己住所混乱不堪的人，无论富有、贫穷，最终都会混乱不堪。不是缺钱，说到底是缺乏态度，缺少审美。

追求有质感的生活，是现代人的一种生活方式和目标。当然，追求有质感的生活并不意味着要变得拜金或者过于注重物质。相反，它是一种对生活的态度和对自己的要求。

首先，要简化生活。追求有质感的生活也包括摆脱物质的束缚，追求简约和精简。减少杂物，保持整洁和有序的环境，让自己更加专注和专心。

其次，关注生活的品质。包括选择高品质的物品、服务和体验，如购买环保、有品质保证的商品，选择有品位、有文化内涵的餐厅和娱乐场所，以及尝试各种有趣的活动和冒险。

再次，注重身心健康。这意味着要有充足的睡眠、规律的饮食，以及适度的运动。同时，我们也要关注心理健康，学会放松和调节自己的情绪和压力。

最后，注重人际关系的品质。这意味着要选择和保持与那些能够带给我们正能量和有益影响的人交往，同时要避免与那些可能带来负面影响的人接触。

总之，追求有质感的生活是一种态度和选择——不将就，不凑合。即使贫穷，也要活得有姿色。能够欣赏美景美物，才会有美的生活。

提升感知力：锁定生活的美好瞬间

在生活中，很多美好瞬间并不总是那么明显。有时候，它们就藏在我们日常生活的细微之处。比如，当你早上醒来发现床头柜上有一杯热腾腾的咖啡，这就是一个美好的瞬间。不管是谁在你身边准备的，这杯咖啡都代表着爱和关怀。如果你缺少生活感知力，便无从发现生活之美及其乐趣与意义。

生活感知力是我们对周围环境的敏锐感知和理解能力。我们每天都会面对各种各样的事情，与人交流、感受周围的环境、体验不同的情绪和心境。这些瞬间都将成为我们生活感知力的一部分，丰富了我们的人生经历。

举一个生活中的例子。

大家都知道，人际关系是比较复杂的。有时候我们需要敏锐的观察力来判断别人的情绪和意图。比如，当你的朋友发了一条微信，说："我很好奇你是怎么看待这件事情的。"这时，你的生活感知力就会被激发起来。你会仔细思考这句话背后的含义，是不是有什么隐藏的问题或者期待。也许你的朋友只是单纯地好奇，但也有可能她有一些困扰想要和你分享。所以，你会回复："你是不是遇到了什么麻烦？想和我聊聊吗？"这样一来，你就展示了你敏锐的生活感知力，而且还能为你的朋友提供支持和帮助。

作为我们与外界沟通、把握生活节奏、处理问题的一项重要能力，生活感知力不仅能帮助我们更好地应对外界的变化与挑战，也能使我们更深入地探索和享受生活的美好。那么，如何才能提升自己的生活感知力呢？

1. 放下手机，抬起头

你可能不解："为什么要这么做？"手机等电子产品确实给我们带来了很多便利，但它们也让我们渐渐远离了真实世界。想象一下，当你专注于手机屏幕上的社交媒体时，你可能错过了街上一只可爱的小猫咪在你身边悄悄溜过的瞬间。所以，放下手机，抬起头来，你会发现生活中有许多有趣的事情等待着你去发现。比如，你可以花些时间去观察周围的环境和事物：一片叶子、一朵花、一缕阳光、一道雨后彩虹、一杯清茶、一首好听的歌曲、一份真诚的友谊、一份成就感、一份爱心捐赠等。这些看似微不足道的事物，其实都有着丰富的内涵和美感。就像英国作家凯瑟琳·特纳曾经说的那样："生活中的每一个细节都值得被珍视和欣赏。"她对生活中的细节和美好有着深刻的感受力和敏锐的观察力，她的小说和散文中也充满了对生活细节的描写和感悟。

2. 培养多元化的兴趣

爱好是提升生活感知力的有效途径之一。通过尝试不同的活动，比如旅行、摄影、读书等，我们能够拓宽自己的视野，体验不同的文化和生活方式。这种多元化的体验将使我们对世界更加开放，更能够适应不同环境下的挑战。

3. 保持好奇心

保持好奇心是提升生活感知力的关键。你可以尝试去探索新的领域，比如学习一门新的语言，尝试一种新的运动，参观一个你从未去过的地方等。这些新鲜的体验可以刺激你的感官，提高你对生活的感知和体验。

另外，也可以向自己提一些奇怪的问题，如试着问问自己："为什么天空是蓝色的？"或者"为什么狗会摇尾巴？"这些问题可能听起来有点傻，但它们会激发你的思考和探索欲望。当然，你也可以通过阅读书籍、观看纪录片或者与他人交流来满足你的好奇心。记住，好奇心不仅是孩子们的专利，成年人也可以拥有它。

4. 提升艺术修养

艺术可以让我们更敏锐地感知生活中的美。你可以欣赏音乐、绘画、舞蹈、电影等各种艺术形式。通过欣赏艺术，我们可以体验不同的情感，增加对生活的感知。此外，你还可以尝试自己创作一些艺术作品，释放内心的创造力和想象力。艺术不仅可以提升我们的生活感知力，还可以给我们带来快乐和满足感。

5. 持续学习和反思

这也是提升生活感知力不可或缺的一环。阅读各类书籍、关注时事新闻、参加专业培训等，都能够让我们不断增长知识、拓宽思维。通过反思自己过去的经历和行为，我们能够更好地理解自己，进而更好地理解他人和社会。

多数时候，生命的美是通过一个个平凡的瞬间呈现给你，只有你懂得，才会觉得动人。一个缺少生活感知力的人，内心往往也是贫瘠的，即便别人给他幸福，给他美好，给他温暖他也视而不见。他们只是麻木地度过一分一秒，日子挨着日子，问题叠着问题，这些瞬间，在他们心中没有意义。

生活感知力不是与生俱来的，而是在生活中随着个人经验的积累逐渐提高的。不断提升自己的生活感知力，方能在快节奏的生活中保持平衡，更多地感知生活中的美好。在他们心中，一阵风、一场雨、一个回眸，都是馈赠，都是来自生命的美意。

重拾仪式感：一起给生活添点料

你的身边一定也有这样一种人，每年的生日都会拍照留念，工作中克服了某个难题后，就会发个朋友圈以示纪念。他们对待生活不将就，但又不会过分讲究，世界在他们的眼中是充满阳光的，而他们也愿意将自己最美好的一面展示给世界。我们称这种生活方式叫作“有仪式感的生活”。

人生是一段奇妙的旅程，而仪式感就如同彩带般将这段旅程点缀得更加精彩。在生活中融入仪式感，不仅能让我们更加享受每一天，还能将平凡的事物变得有趣。张爱玲曾说过：“生活需要一种仪式感，它能够激发我们对内心的尊重，让我们能够更好、更认真地过好每一天。”

我们生活在一个相对富裕的时代，相比于过去，生活条件和物质财富都大幅提升。然而，随着物质富足，社会的竞争也愈发激烈，人们的生活节奏变得更加快速和紧张。在这样的环境下，人们通常会陷入一种追求物质享受的漩涡，而忽略了生活中的一个重要方面——仪式感。

仪式感可以定义为日常生活中具有意义和惯例的活动，它可以是日常生活中的一种仪式化的活动，如在每天早晨的早餐时间为自己泡一杯香浓的咖啡，或者在周末与家人一起准备一顿丰盛的晚餐等。这些看似简单的仪式，却能够让我们感受到生活的美好和充实，帮助我们建立身份和价值认同感。

当然，仪式感不仅仅只在特殊时刻才能体现，它可以贯穿日常生活的方方面面。比如，在日常工作中，将一个项目完成得干净利索，感受到自己的成就和进步；在学习中，将知识融会贯通，取得优异的成绩和成长；在每天休息之前，通过放松身心，享受一段属于自己的安静时光，让自己能够充分恢复体力和精神。

《肖申克的救赎》的作者斯蒂芬·金每次写作的时候，都会选择在办公室完成，将自己置身于一个安静、整洁且有序的环境中。无论是他的书架上排列整齐的藏书，还是他的办公桌上摆放整齐的文具，都不可能扰乱他的思绪。

在这个精心布置的工作空间中，斯蒂芬·金似乎进入了一个独特的艺术世界。当他轻轻合上办公室的门，身心仿佛也被隔离在外界的喧嚣之外。他逐渐被书籍的香气所包围，仿佛融入了每一本书中。所有的书籍都被按照主题和作者分类，有序地排列在书架上。

这个整齐有序的办公室不仅为他提供了一个舒适的写作环境，更是打开他心灵之门的钥匙。也正是这种仪式感让他能够随时进入写作的状态，并在这个环境中创造出一个又一个惊世骇俗的故事。

男高音帕瓦罗蒂在演出之前，都会选择一个特定的房间作为他的“声音神殿”。这个房间墙壁上挂满了他的演唱照片和一些美声大师的画像，一切都被精心布置得宛如一个音乐圣殿。在这个房间里，帕瓦罗蒂会静静地坐下，闭上双眼，深呼吸几次，通过与音乐创造者的心灵对话来准备自己的演出。他会想象自己站在舞台上，欢呼声如潮水般涌向他，感受到每一位观众的存在。这样的仪式感让他能够完全融入角色和音乐，带给观众最佳的视听享受。尽管这样的仪式感可能对其他人来说有些古怪，但对帕瓦罗蒂来说，这是激发创造力和平静心灵的关键。

这世界上有多少人，就有多少种仪式感，那里面蕴含着他们对自己生活和专业领域的尊敬，或者说那更像是一种信仰。

无论是工作、生活，还是学习，其实都需要仪式感。只有重视并培养好仪式感，才能够更好地感受到生活的美好和价值。所以，让我们一起在现代社会中寻找并珍视仪式感吧。

仪式感并不是说非要给自己办多么盛大的生日宴会，也不是非要在每个值得纪念的日子里做点什么。那些都是狭义的仪式感，真正意义上的仪式感，其实是一种积极的人生态度，它能让我们在现代繁忙的生活中找到内心的平静和满足感。

总之，重拾生活的仪式感，可以让我们更好地享受当下，增加乐趣和幸福感。无论是在起床、吃饭、工作还是睡觉时，我们都可以为自己创造一些特殊的仪式。

好习惯让人越来越美

一个人懒久了，整个人的精神状态、作息规律、气质等都会跟着改变，如果用两个字概括，那就是“邋遢”。所以，邋遢的人给人的第一印象就是懒惰。对男人和女人来说，这一点都非常“致命”，它不仅会将生活搞得一团糟，还容易拉低颜值！这可不是耸人听闻。

如果一个人能把自己收拾得很利索，把生活安排得井井有条，将工作做得有声有色，即便长相并不算出众，也一定能让人感受到几分可爱，一定会越来越有气质。当然了，这不需要花多少钱与精力，只需养成好习惯，每天做好点点滴滴。

1. 每天早睡早起

无论男女老少，不熬夜、好好睡觉真的很重要，没有什么比自己的身体更加重要，熬夜不仅伤害身体健康，对美貌也是最大的伤害，即使是再贵的护肤品和面膜都弥补不了。

好好睡觉显气色，对皮肤也很有效果。这点女性尤其需要注意，应该每晚保证足够的睡眠时间，通常为7~9小时。充足的睡眠可以帮助女性消除疲劳，促进新陈代谢，使皮肤更加健康和有光泽。此外，良好的睡眠还可以减少黑眼圈和眼袋的出现，让女性看起来更加年轻和精神焕发。因此，女性应该养成早睡早起的好习惯，确保自己有足够的睡眠时间。

2. 保持均衡饮食

均衡的饮食可以为身体提供所需的营养物质，使我们的皮肤更加光滑、有弹性。例如，摄入足够的维生素C可以促进胶原蛋白的生成，从而减少皱纹的出现；多吃抗氧化的食物，如水果和蔬菜，可以帮助女性保持年轻的外貌；多吃鱼、海藻和大豆等食物，可以让皮肤变得细腻而有光泽。另外，避免过度食用加工食品、糖分和咖啡因，减少油炸和高盐的摄入，以降低患心脏病、糖尿病和高血压等疾病的风险。

3. 做适量的运动

适度的运动可以帮助保持健康的体态和身材，增强肌肉的力量和柔韧性。锻炼还可以促进血液循环，使皮肤更有光泽，减少皱纹和细纹的出现。此外，锻炼还可以提高女性的心肺功能，增强免疫系统，预防一些常见的疾病。因此，女性应该每周进行适度的有氧运动，如慢跑、游泳或骑自行车，并结合一些力量训练来保持身体的健康和美丽。

4. 适时调整心态

平时，保持积极乐观的心态，学会应对压力和困难。压力和焦虑会对皮肤和整体外貌产生负面影响，导致皮肤问题、脱发和其他健康问题的出现。因此，女性应该学会放松自己，寻找适合自己的解压方式，如瑜伽、冥想或阅读等。同时，还应该培养良好的社交关系，与亲朋好友保持良好的沟通和互动，以增加自信和快乐感。

综上所述，好的生活习惯对塑造美有着重要的影响。良好的饮食习惯、适当的运动、充足的睡眠和积极的心态都是让我们越来越美的关键。通过培养这些习惯，我们不仅可以改善自己的外貌，还能够提高整体的幸福感。

阅读多了，气质也就变了

容貌是天生的，我们无法选择。然而，在谈论颜值时，容貌并不是第一位的，第一位的是气质和气场。就像有些画作初看时很美，但越看越乏味；而有些画作初看时平凡，但越品越有味道。识人要观其内，做人要养于心。内在的修养和阅历会自然地表现在外。

当一个人沉浸在书海中，阅读了大量的书籍之后，他的气质也会发生变化。气质是一种个人特征，每个人生来就有，而且会随着时间慢慢改变。就如同一个人对世界的认知是从零开始的，然后接受各种教育，经历不同的人生，逐渐形成自己独特的人生观、世界观、价值观。

气质是个人思想的外化。通常，我们根据社会意识、道德伦理等各种标准对气质进行评判，那些比较符合大众审美的被称为“有气质”，不符合大众审美的就是“没气质”。当然了，小偷也有自己的气质，只是他们的行为不被认可，所以是“没气质”。

气质既然是思想的外化，那可不可以通过改变思想来改变气质呢？当然可以。改变思想的一个重要途径，就是阅读。在经过大量的阅读后，我们的知识量会增加，思想也会受到熏陶，从而使我们的举手投足更优雅、优美。所以说，提升气质最直接的方式就是读书。

苏东坡曾说“腹有诗书气自华”，曾国藩也说“读书可变化气质”。你的气质里藏着你走过的路、读过的书和爱过的人。

在三国时期，有一次，曹操要接见匈奴使者，觉得自己身材矮小、容貌不出众，便让高大帅气的崔季珪冒充自己，而曹操本人则提刀站在旁边。当匈奴使者要回去时，曹操让间谍问他：“你看魏王（曹操）怎么样？”使者回答：“大王容貌端庄、举止文雅，但是站在一边，提刀的那个人是个英雄。”

在史书上，曹操的形象是“容貌短小，而神明英发”，这一点不假。他是一个十分喜爱读书的人。据《三国志》记载，曹操“博览群书，特好兵法”。在他称帝之后，他设置了历史编纂官，整理典籍，并兴办书院，推广文化教育。

不能说曹操的气质主要来自阅读，但阅读多少对他的气质形成是有一定影响的，特别是他从小就受到良好的家庭教育和文化熏陶，这为他的人格魅力和气质塑造奠定了一定的基础。

在这个喧嚣的社会中，我们常常需要面对各种压力和挑战，容颜也会跟着受到伤害。岁月留下的皱纹和疲倦在面容上透露出我们内心的痛苦和紧张。其实，我们可以通过阅读，找到一种宁静和放松，让自己暂时忘却现实的重负，重新焕发容颜的光彩。

1. 充实内心

阅读时，我们会接触各种各样的文字和故事，这些文字和故事都会激发我们的思考和想象力。我们会在书中描绘的世界里与各种角色一起经历冒险，感受他们的喜怒哀乐。这种体验会让我们的内心变得更加丰富和有趣，而这种内在的充实感会逐渐从我们的眼神和微笑中散发出来，我们的眼睛会变得明亮而有神，我们的笑容会变得更加灿烂和自信。

2. 学习知识与收获见解

阅读不仅可以帮助我们获取各种各样的知识，而且可以帮助我们拓宽眼界，获得新的见解和观点。通过阅读，我们可以了解不同领域的专业知识，了解历史、文化、科学、艺术等各个领域的发展和成就。阅读还可以帮助我们培养批判性思维和创造性思维能力，使我们能够更好地理解和分析问题，提出自己的见解和想法。这些知识和见解会让我们变得更加聪明和有趣。

在书中我们也可以学到一些幽默的技巧，这些技巧会成为我们与他人交流时的利器。当我们运用一些幽默技巧时，潜意识会感到愉悦和开心，而这种快乐也会在我们的容颜中展现出来。

3. 进行心灵的对话

阅读时，我们不仅是在接收和理解文字的表面意义，还在与作者的思想、情感和经验进行对话。这种对话开始于我们打开书籍或浏览文章的那一刻。我们开始听到作者的声音，感受到他们试图通过文字向读者传达的意图和情感。每一句话、每一个故事情节以及每一个人物形象都是作者与读者之间的沟通媒介。对于美好情感和真挚情感的体验，会让我们的内心变得更为敏感和柔软。这种内心的变化也会逐渐展现在我们的气质上。

4. 阅读有助于培养我们的个性和审美追求

通过不断阅读，我们会遇到各种各样性格鲜明且各具特色的主人公。与他们相处，我们会看到不同的价值观和生活态度。这种接触和碰撞，会激发我们对于个性和独特审美的追求。我们开始更加关注自己的特点和个性，以及如何通过自我表达来展现我们的独特之处。这种追求个性和审美的改变也会在我们的容颜中得到体现，我们会逐渐散发出一种与众不同的魅力。

5. 阅读能够让我们变得更加有魅力

当我们阅读时，我们会接触各种各样的人物形象，有些人物形象会让我们产生共鸣，有些人物形象甚至会成为我们的榜样。通过与这些人物形象的接触，我们会学到一些关于美丽和魅力的秘诀。我们会了解到美丽不仅仅是外表，更是内心的散发。我们会明白真正的魅力来自自信和善良。当我们在现实生活中运用这些秘诀时，我们会发现自己变得更加有魅力和吸引力，我们的容颜会因为内外的美丽而焕发出耀眼的光芒。

作家三毛说过：“读书多了，容颜自然改变，许多时候，自己可能以为许多看过的书籍都成了过眼云烟，不复记忆，其实他们仍是潜在的。在气质里，在谈吐上，当然也可能显露在生活和文字里。”

是的，正如锻炼与不锻炼的人，区别不在于一朝一夕，读书与不读书也一样，区别在于日积月累。从来就没有白读的书，你读过的每一本书，浏览过的每一段文字，都会融进你的血液，终有一天会展现出它们的力量，在你的生命中绽放芬芳。

从现在开始，每个闲暇时刻都让自己投入阅读中吧，在阅读的世界中，我们的情感会得到滋养，我们的容颜会得到重塑，我们的内心会变得宁静，我们的思想会得到升华。

每天活出最美的自己

这是一个鼓励人们勇敢做自己的时代，无论年龄、性别、种族或社会地位，每个人都有权利发展自己的个性和才能，追求自己的梦想和目标。然而，要活出最美的自己，并不容易。社会的期望、家庭的压力和自我怀疑，都可能成为我们前进的阻碍。

很多人不敢追求自己真正的兴趣，而是选择安稳但乏味的生活方式。一天天过着重复而平淡的日子，渐渐失去了对生活的激情。

活出最美的自己，就要积极地去追求美——美的外表，美的内在。这些美对人有种天然的吸引力。那如何活出最美的自己，可以多关注以下几个方面。

1. 笑对生活中的小瑕疵

有时候，我们会因为一点小事而烦恼不已，比如打翻了咖啡、穿错了袜子、为自己拙劣的英语发音发笑。其实，这些小瑕疵才是我们生活中最有趣的地方。想象一下，如果我们每天都完美无缺，那生活岂不是太无聊了？所以，让我们笑对这些小瑕疵，把它们当作生活中的小插曲，给自己带来欢乐和乐趣。

2. 做喜欢的事情

做喜欢的事情是一个人内心深处最持久的乐趣和动力源泉。而这种行动源于我们对某些活动的热情和兴趣。喜欢的事情能够让我们感到快乐、满足和充实，同时也激发出我们的潜能和创造力。

当我们投入时间和精力去做喜欢的事情时，我们会经历一种全然投入的状态，即所谓的"心流"状态。在这种状态下，时间仿佛变得不再重要，我们完全融入其中，沉浸在自己热爱的领域中。这种心流状态既是一种追求目标的过程，也是一种忘我的状态，使我们能够完全释放自我，尽情体验并享受整个过程。

3. 倾听内心的声音

要敢于面对内心的声音，勇敢追求自己心中真正渴望的东西。太多时候，我们因为外界的压力和期望而放弃了自己内心的愿望，选择了一条看起来更安全的道路。然而，只有当我们勇敢面对内心渴望的事物时，才能找到真正的快乐和满足。

例如，一个小女孩一直被家人和社会灌输着"女孩子应该安分守己，嫁个好人家”这样的观念。但她非常热爱音乐，渴望成为一名音乐老师，她钟爱乐器的清脆声音，也深深迷恋着音乐给她带来的快乐。虽然周围的人都认为她的梦想太过遥远，但是这个小女孩还是选择勇敢面对自己的内心，一心追求自己的音乐梦想。她付出了艰辛的努力，最后终于被一所音乐学院录取。毕业后，她成了一名优秀的音乐教师，她的音乐给了她无尽的快乐，并且也启发了无数人勇敢追求自己的梦想。

4. 接受自己的不完美

每天活出最美的自己，并不意味着要追求完美。事实上，完美是不存在的。每个人都有自己的缺点和不足，这正是我们与众不同的地方。所以，让我们接受自己的不完美，爱上自己的独特之处，才能真正活出最美的自己。

5. 忽略他人的评价和意见

你们有没有遇到过那些总是对你指指点点的人呢？他们总是觉得自己比你更懂你自己，总是对你的穿着、打扮、行为等提出意见。但是，我们要记住，他们并不了解我们的内心世界和真正的需求。就像我的朋友小红一样，她总是被别人说她的笑声太大了，但是她从不为此改变自己。相反，她每天都保持着愉快的心情，大声地笑出声来。她的快乐和自信感染了周围的人，大家都觉得她的笑声是最美的音符。所以，不要让他人的评价和意见左右自己的选择，相信自己的直觉，活出最真实的自己。

6. 追求自己的梦想

你们是否有那些被埋没在生活琐事中的梦想呢？是的，我们每个人都有自己的梦想，但是有时候我们会因为种种原因而放弃追求它们。然而，要活出最美的自己，我们需要勇敢地追求自己的梦想。就像我的朋友小李一样，他一直梦想成为一名喜剧演员，但是他的家人却希望他从事稳定的工作。然而，小李并没有放弃，他每天都在家里的镜子前面练习他的表演，参加各种喜剧演出，最终成为一名备受瞩目的喜剧演员。他的勇气和热情让他成为自己梦想中最美的自己。所以，亲爱的读者们，不要害怕追求自己的梦想，相信自己的能力，活出最美的自己。

在这漫长而不可预测的人生旅途中，可能每个环节都留下了残缺，每个故事都伴随着不同程度的伤痛。情感仿佛一场幻影，有时真切可触，有时却遥不可及；光阴明灭如同烛火，时而璀璨耀眼，时而黯淡无光。在这一切中，保持清醒，活出自己想要的样子并不容易。

即使如此，我们还是要怀揣对生活的热爱，勇敢地做自己，即使路上有残缺，也要坚信每一个故事都会闪烁光芒。因为，只有那些历经过风雨洗礼的心灵，才能真正收获人生的辉煌与生命的美丽。